骨骼肌肉大作战

[韩]许真惠/编　[韩]郑仁成/绘　杨晓肖/译

江西教育出版社
JIANGXI EDUCATION PUBLISHING HOUSE
·南昌·

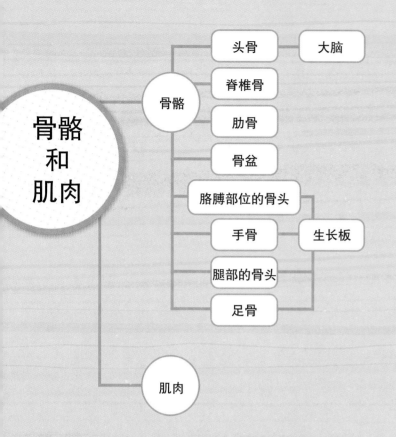

骨骼和肌肉

骨骼
- 头骨 — 大脑
- 脊椎骨
- 肋骨
- 骨盆
- 胳膊部位的骨头
- 手骨 — 生长板
- 腿部的骨头
- 足骨

肌肉

　　我的名字叫作"一扫空"，我可是世界上最厉害的小偷。

　　不管是普通的店铺还是辉煌的美术馆，统统都被我洗劫一空。

　　我不仅非常聪明，而且动作敏捷，每一次都能做到神不知鬼不觉。

有一次，我听到有人在谈论什么。

"咯吱先生的房子真的非常完美！"

"对，没错！恐怕连那个最有名的小偷'一扫空'都没有办法进去呢！"

"一扫空"心想：咯吱先生是谁？是马还是骷髅呢？管他是谁呢。可是他们竟然敢小看我"一扫空"！

所以我下定决心，一定要让他们瞧瞧最厉害的小偷是什么样的。

我用望远镜观察了咯吱先生的家。

"哼，这个房子长得可真奇怪！从玄关到屋子的距离怎么那么长？"

而且我等了好一会儿也没有看见有人从家里出来。

"奇怪，总感觉哪里不对劲。"

好奇心使我立刻跑到了咯吱先生家，然后轻轻推开了玄关门。

突然，门的中间出现了一团红色的光，并且响起了一个响亮的声音：

"既然来了，就回答我的问题吧！"

我非常惊讶，我竟然被发现了。这到底是怎么回事？

"支撑起我们身体的最坚硬的物质是什么？"

"最坚硬的物质？那是什么？"

"提示一，它藏在肉里。提示二，它不是血。"

我捂着肚子"哈哈哈"地笑起来。

"怎么会有这么容易的问题？不是肉也不是血，那当然是骨头呀，是骨头！"

然后玄关门"咯吱"一声打开了。

太好了！看来它也没有别人说的那么厉害嘛！

小孩子们的手指、胳膊和腿等部位的骨头末端都有可以使骨头变长的生长板。生长板通过分裂产生新的细胞，使骨头生长、变长。所以个子就会长高。但是变成大人之后，生长板停止分裂细胞，个子就不会再长高了。

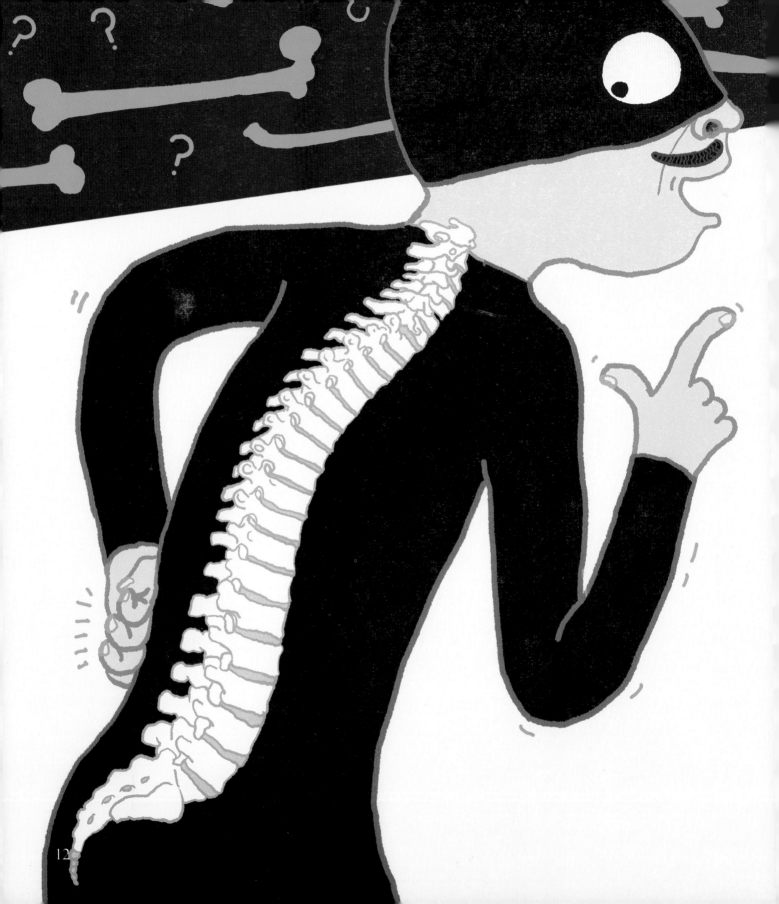

进到里面之后，又出现一道门。

我试着轻轻推了一下。

果然和第一道门一样，又出现了一团红色的光。

"支撑我们身体最重要的骨头是什么？"

这次我有些惊慌。

由于太集中于问题，我的腰都开始疼了。

我捶着腰，忽然想到了答案。

"啊，是腰骨！不对，是脊椎骨！"

位于我们身体正中央的脊椎，才是支撑我们身体的骨头。

脊椎骨位于我们身体的正中央，上面支撑着头骨，下面连接着骨盆。一共由 33 块椎骨组成，包括颈椎 7 块、胸椎 12 块、腰椎 5 块、骶椎 5 块和尾椎 4 块。

刚从第二道门进去，就看到了第三道门。

第三道门是透明门，上面画着脊椎骨。

"保护我们的身体和器官的是什么骨头？"

虽然问题越来越难，但是依然难不倒我。

"保护大脑的是头骨！保护心脏和肺的是肋骨！保护生殖器官的是骨盆！"我的话音刚落，就莫名其妙地出现一些骨头，迅速地粘在了脊椎骨上。

"怎么感觉凉飕飕的？"

头骨不仅能决定我们的长相，而且能够保护对我们来说最重要的脑。肋骨可以保护心脏、胃、肝和肺等位于我们胸部的器官。骨盆则对大肠、小肠、膀胱和生殖器官等起保护作用。

头

盆骨

肋骨

脊椎骨

我回答完了问题，可是第三道门却没有打开。

红色的光再次亮起。

"你把这些骨头拼成一个完整的形状。"

然后周围突然出现了许多漂浮着的骨头。

"我的妈呀！"

我一屁股坐在地上，扭头向后看了看。

发现第二道门神不知鬼不觉地消失了。

骨头的形状有很多种，大小也不一样。研究骨头的人只要看一看骨头，就能知道这是男生的骨头还是女生的骨头。因为通常女生的骨盆要比男生的骨盆更宽一些。他们还能通过骨头判断年龄。人老了之后，有的骨头会相互紧贴在一起。

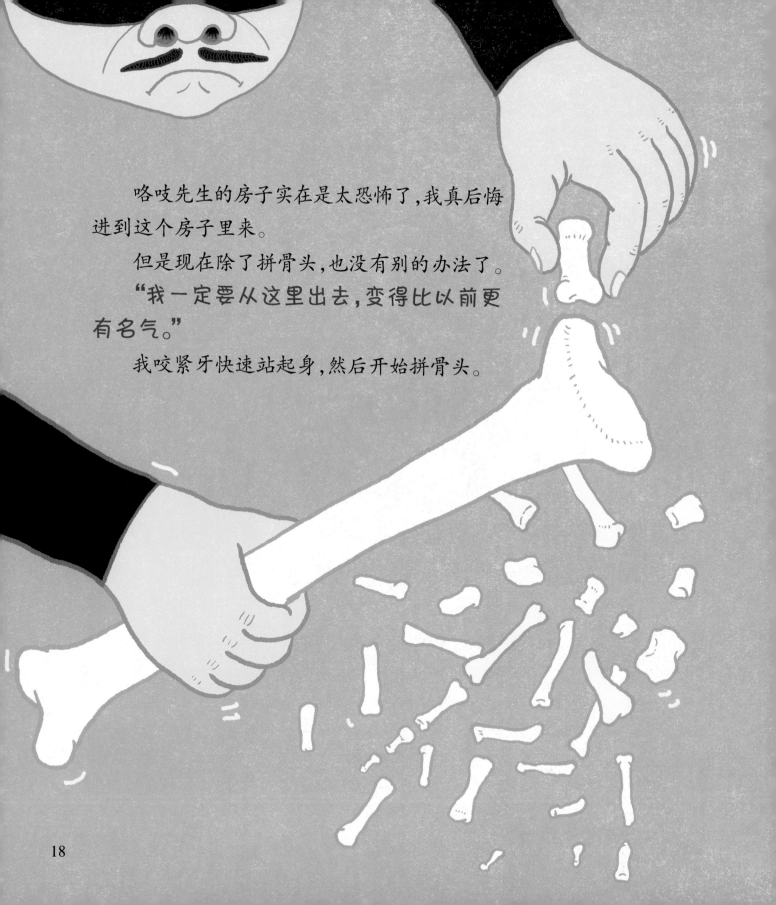

　　咯吱先生的房子实在是太恐怖了，我真后悔
进到这个房子里来。

　　但是现在除了拼骨头，也没有别的办法了。

　　"我一定要从这里出去，变得比以前更
有名气。"

　　我咬紧牙快速站起身，然后开始拼骨头。

在学校时,我可是科学满分,这个世界上最厉害的小偷"一扫空",这对我来说就是小菜一碟!

成人的身体里大约有 206 块骨头。人刚出生时身体里大约有450块骨头,但是在生长发育的过程中,有的骨头相互结合在一起变成一块骨头,所以骨头的数量就减少了。

肩胛骨下面连接的是胳膊部位的骨头和手骨。

骨盆下面连接的是腿部的骨头。

终于拼完了!
"哐当",第三道门也打开了。

然后是足骨。

19

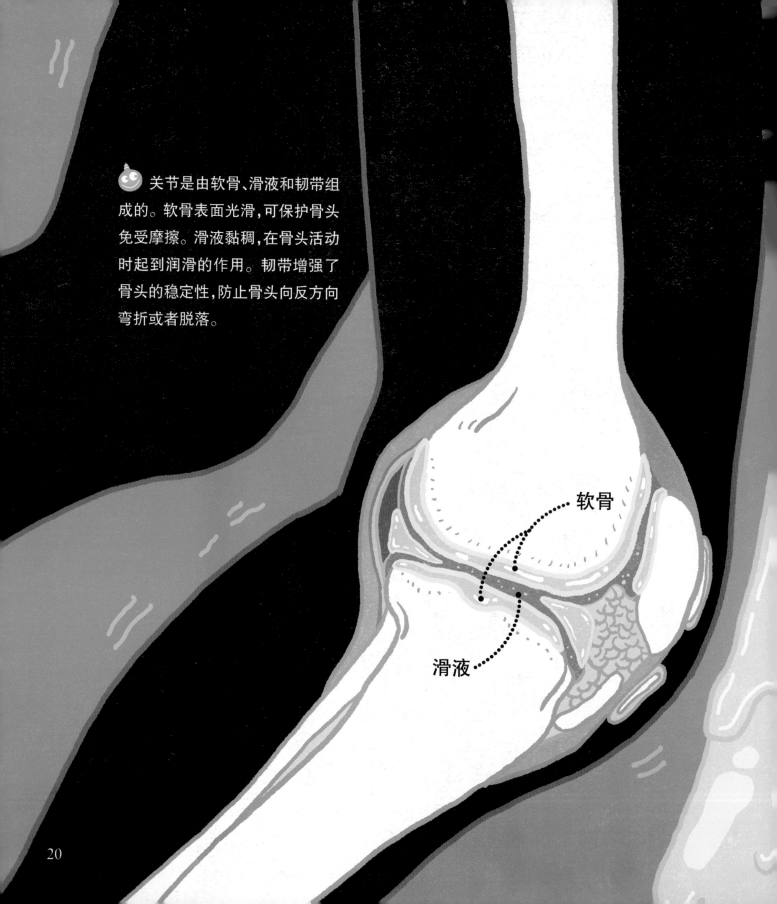

关节是由软骨、滑液和韧带组成的。软骨表面光滑，可保护骨头免受摩擦。滑液黏稠，在骨头活动时起到润滑的作用。韧带增强了骨头的稳定性，防止骨头向反方向弯折或者脱落。

软骨

滑液

第四道门又滑又黏。

我轻轻地推了一下，希望这是最后一道门。

"连接在骨头与骨头之间，使骨头可以活动的地方是——？"

果然又有问题。

我只了解骨头的名字，这个问题对我来说有些难度。"可以给我一些提示吗？"

"如果这个地方脆弱的话，活动的时候就会感觉疼痛。第一个字是'关'。"

我一听提示，马上就知道了问题的答案。"哈哈，答案是关节！"

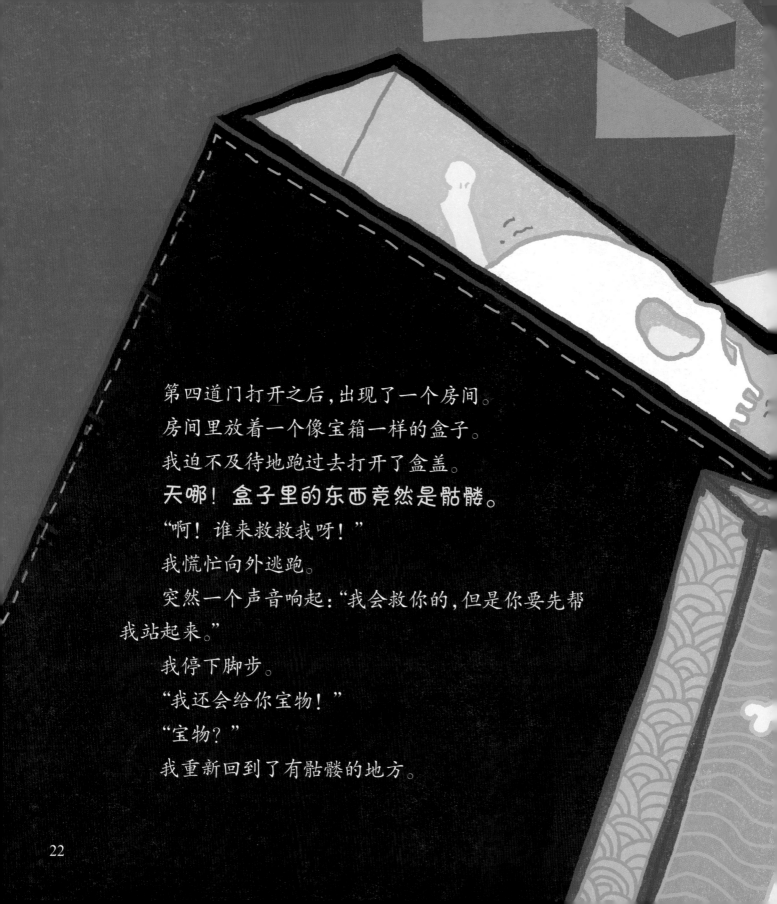

第四道门打开之后，出现了一个房间。

房间里放着一个像宝箱一样的盒子。

我迫不及待地跑过去打开了盒盖。

天哪！盒子里的东西竟然是骷髅。

"啊！谁来救救我呀！"

我慌忙向外逃跑。

突然一个声音响起："我会救你的，但是你要先帮我站起来。"

我停下脚步。

"我还会给你宝物！"

"宝物？"

我重新回到了有骷髅的地方。

既然可以得到宝物，我便闭着眼把骷髅扶了起来。

"我叫咯吱，在这里躺了 300 年了。虽然 206 块骨头都连接在一起，但是我却动不了。你说这到底是为什么呢？"

咯吱先生说话的时候，下巴一张一合，发出"咯吱咯吱"的声音。

我忍不住笑出了声。

"哈哈哈，这么简单的事情你都不知道吗？当然是因为没有肌肉。肌肉是非常有韧性的肉，和骨头相连接，就像气球一样，可以变大也可以变小。"

"气球？"

咯吱先生感到非常吃惊，又问了一次。

我们的身体里大约有 650 块肌肉，占体重的 45%。除骨头以外，肌肉还附着在心脏、胃和膀胱等器官上面，我们可以随意收缩或者舒张这些肌肉。

"你看，这里有鼓起的和收紧的部分吧，这就是肌肉。像这样弯曲胳膊，有的肌肉就会收缩，有的肌肉向外鼓起。但是伸展胳膊的话，肌肉就会恢复成原来的模样。**如果肌肉收缩，就会拉紧骨头。如果肌肉舒张，骨头就不会被拉拽。我们的身体就是这样完成运动的。**"

我自信地向咯吱先生展示了身体里的各种肌肉。

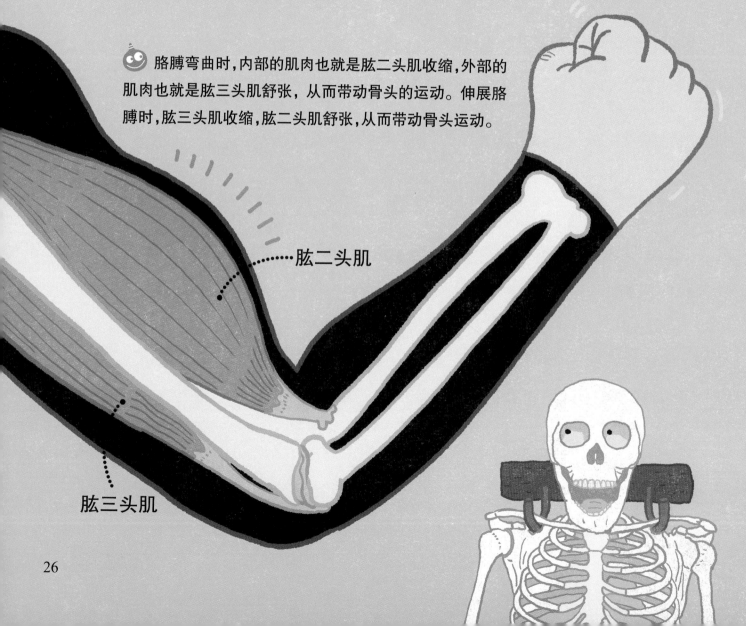

胳膊弯曲时，内部的肌肉也就是肱二头肌收缩，外部的肌肉也就是肱三头肌舒张，从而带动骨头的运动。伸展胳膊时，肱三头肌收缩，肱二头肌舒张，从而带动骨头运动。

肱二头肌

肱三头肌

眼珠子转来转去，做出笑的表情，哭的表情，皱眉头等。

 肌肉保护骨头的同时，也帮助我们的身体运动。如果努力运动的话，肌肉会变大，力量会变强，身体也会变得强壮。

心脏不断跳动

消化和排泄

呼吸时弯腰

迅速转身

一下子翻过高墙

敏捷地逃跑

这些动作的实现都离不开肌肉。

因为有肌肉我才成为了最厉害的小偷！

27

我偷偷地拿起装着宝物的口袋，飞快地跑出
了咯吱先生的房子。
　　谁知道咯吱先生会不会改变主意呢。

　　后来这件事情就在村子里传开了。
　　"听说'一扫空'连咯吱先生的房子都去过了。"
　　"你是说最厉害的小偷'一扫空'，成功洗劫了咯吱先生的房子？"
　　还有人说："听说咯吱先生变得有些奇怪，买了许多许多气球。"
　　"他买那么多的气球要用在哪里呢？"
　　反正不论怎样，大家现在都知道我是最厉害的小偷了。
　　下一次去哪里好呢？
　　哪也去不了了，我被身手更为敏捷的警察给抓了。
　　这正应验了那句"多行不义必自毙"。

一起来了解我们身体里的骨骼和肌肉吧!

我们身体里的骨骼和肌肉是怎么组合起来的呢？让我们和"一扫空"一起来看一看吧。

🔍 骨骼

我们身体里的骨头种类非常多。骨头主要起着支撑我们身体的作用，抓住身体的重心。同时还可以保护身体里的器官，让我们的身体可以随意活动。

头骨

头骨由几块宽扁的骨头组成，大致呈圆形轮廓。主要作用是保护脑不受外界冲击，以及保护眼、耳、口、鼻等感觉器官。

胳膊部位的骨头

由上下两部分骨头组成，形状像两根木棍。和肌肉连接之后，可以帮助胳膊进行弯曲和伸展。

肋骨

模样像弯曲的弓箭，左右两部分各有 12 根骨头。肋骨保护心脏和肺的安全。

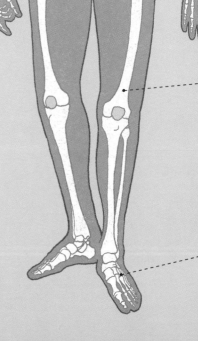

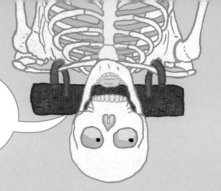

刚出生的婴儿体内大约有450块骨头，成人的体内大约有206块。肌肉大约有650块。

肌肉

肉和纤维合起来通称肌肉。肌肉附着在骨头上，从而使身体可以运动。肌肉收缩时骨头拉紧，肌肉舒张时骨头放松。

脊椎骨

形状像一根又粗又长的柱子。由许多骨头块连接而成，看起来有些凹凸不平。主要包括脊椎、胸椎、腰椎、骶骨和尾椎。脊椎骨使我们的身体可以直立。

手骨

由27块小骨头组成。帮助我们的身体完成抓东西、写字等细致的工作。

腿部的骨头

由几块骨头连接而成，长度很长。与肌肉相连帮助腿完成弯曲和伸展，位于膝盖和屁股之间的股骨是我们身体里最长的骨头。

足骨

足骨包括脚踝部分到脚趾末端的骨头，一共由26块骨头组成。我们的身体直立时，帮助抓住身体的重心。

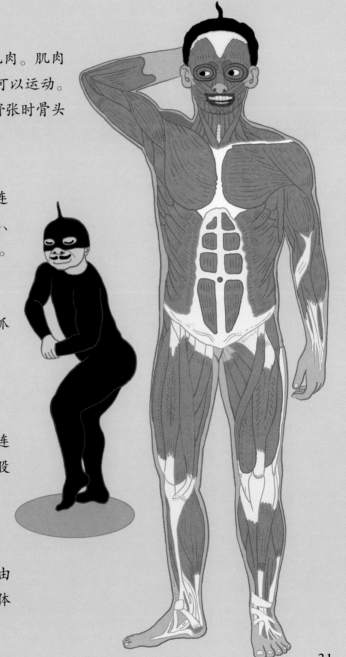

31

解剖学之父维萨里

把人体或者动植物体用剪刀等剖开，研究其内部的过程称为"解剖"。维萨里对过去错误的解剖学知识进行修改，并进行了广泛传播。让我们一起来看一看维萨里的故事吧。

安德烈·维萨里出生于1514年，曾经是比利时的医生。那时，比利时是禁止解剖人体的。

难道不可以解剖人体查看其内部结构吗？

绝对不可以解剖人体！

绝对不可以让那么残忍的事情发生！

维萨里非常郁闷，以致学习也不能专心致志。

只靠解剖动物的身体，怎么能清楚地了解人体呢？

深思熟虑之后，维萨里去墓地挖出尸体，对尸体进行了解剖。

之后维萨里努力学习了人体内部结构，并出版了《人体的构造》。

我的努力终于没有白费。现在我已经非常了解人体的骨骼和肌肉了。

维萨里一边解剖一边授课。

原来人体的骨骼和肌肉长这个样子啊。太令人意外了！

其他学者非常不满意维萨里的做法。

听说最近维萨里在到处散播奇怪的言论。

我也听说了。他的意思是说我们现在所学的知识都是错的吗？

即使有这么多负面的评论，但维萨里依旧成了打开解剖学大门的伟大人物。

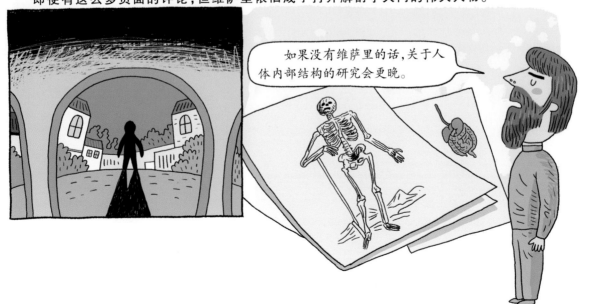

如果没有维萨里的话，关于人体内部结构的研究会更晚。

名画当中隐藏的有关骨骼和肌肉的秘密

列昂纳多·达·芬奇和米开朗基罗是闻名世界的画家。列昂纳多·达·芬奇凭借《蒙娜丽莎》，米开朗基罗凭借《创世纪》，被许多人所喜爱。这两位画家身上有一个共同点，那就是他们都对人的骨骼和肌肉充满兴趣。他们为了更加正确、更加细致地描绘人体，都曾经解剖尸体，观察人体的骨骼和肌肉，然后再作画。人们评价他们的画是最能正确描绘人体的画作。

建筑与骨骼的结合——巴特罗之家

西班牙巴塞罗那有一座被称作"骨头之家"的建筑，因为它的露台设计像骷髅头，中间部分像两只眼睛，柱子也像人体腿部骨头的形状。这座建筑正是西班牙建筑师高迪设计的"巴特罗之家"。当时经营大型纺织公司的巴特罗先生拜托建筑师高迪重新翻修这栋建筑。高迪看着这栋建筑陷入了沉思。因为这座建筑已经非常老旧了，所以最重要的是将它加固。苦恼了三天三夜的高迪决定模仿骨骼的模样，因为他知道骨骼是支撑我们身体的最坚硬的物质。这座独特又壮观的建筑2005年被联合国教科文组织列为世界文化遗产保护单位。

试一试

一起来找一找"一扫空"的骨头吧！

听说最厉害的小偷"一扫空"的骨头被人偷了。请把以下骨骼与相应的位置连起来吧。

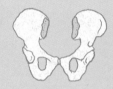

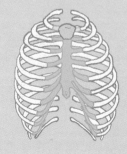

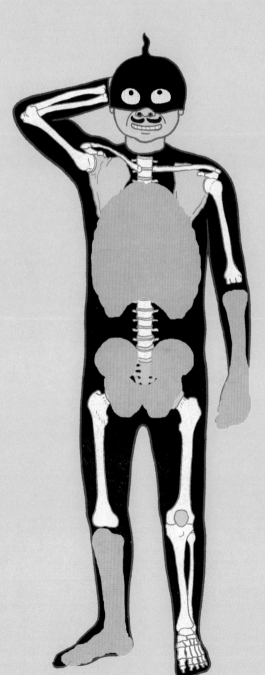

35

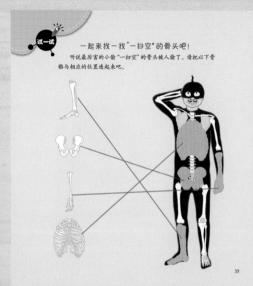

这都是因为有强健的骨骼和肌肉。

只要有肌肉，我就可以自由活动啦……

五个小矮人和五种感觉

[韩]吴恩京/编　[韩]刘慧卿/绘　车宁/译

江西教育出版社
JIANGXI EDUCATION PUBLISHING HOUSE
·南昌·

感官

眼睛 — 视觉

鼻子 — 嗅觉

耳朵 — 听觉

舌头 — 味觉

皮肤 — 皮肤的感觉

4

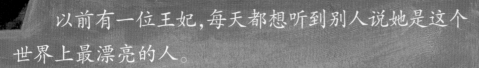

以前有一位王妃，每天都想听到别人说她是这个世界上最漂亮的人。

王妃问会说话的魔镜："魔镜啊魔镜，谁是这个世界上最漂亮的人？"

魔镜回答："森林里有一位和五个小矮人一起生活的嘟嘟公主，她是这个世界上最漂亮的人。"

"她竟然比我漂亮？我不会放过她的！"

王妃气得浑身颤抖，翻开魔法箱子。

"原来墨镜在这里！"

王妃拿着墨镜去森林里找嘟嘟公主。

　　王妃用围巾把脸遮得严严实实，然后来到了嘟嘟公主的房前，"咚咚咚"地敲门。

　　"请问，需要墨镜吗？这可是世界上独一无二的墨镜。"

　　嘟嘟公主从窗户上探出头来，说："哎呀，我正好需要墨镜呢……你以为我会这么说吧？"

　　嘟嘟公主把墨镜给王妃戴上，继续说道："你在那棵树下乔装打扮自己的时候，我都看到了。这个墨镜还是王妃自己用吧！"

　　王妃仓皇而逃，并大声叫喊："啊！我什么都看不到了！"

去采蘑菇的五个小矮人回来了。

嘟嘟公主把白天发生的事情告诉了五个小矮人。

大眼睛小矮人长长地舒了一口气，说："呼——，真是万幸。那个墨镜会完全遮挡光线，没有光的话我们什么都看不见。"

"真的吗？有光眼睛才能看到吗？"

面对嘟嘟公主的疑问，大眼睛小矮人点点头说：

"光线进入眼睛，眼睛里的视网膜上形成物体的形状，然后将这个形状传到大脑。这时我们才能看到物体。"

眼睛看着物体，我们便能知道物体的大小、形状、颜色和明暗。但是有时候会出现大脑无法对眼睛所看到的物体进行辨别的情况。这种情况叫作视觉错觉。

眼睛的结构

眼角膜是眼睛内部的一层透明的膜，具有保护瞳孔的作用。

视网膜是物体成像的地方。

视觉神经负责将视网膜的物体成像传给大脑。

玻璃体富有弹性，像橡皮糖一样，可以维持眼睛的形状。

晶状体具有屈光作用，使物体在视网膜上成像。

光从瞳孔进入眼睛。光线较强时瞳孔缩小，光线较弱时瞳孔扩大。

回到城堡的王妃一直很气愤。

王妃决定要再去找一次嘟嘟公主。

她胡乱地翻着魔法宝箱。

"有了这瓶恶臭香水,这次我一定能成功。"

王妃带着恶臭香水又进入了森林。

王妃再次来到嘟嘟公主家门前，这次她戴上了口罩。

王妃敲了敲门，问道："请买瓶香水吧，这可是世界上最香的香水。"

嘟嘟公主从家里走了出来，说："哎呀，我正好想要一瓶香水呢……
你以为我会这么说吧？听说这个香水的味道非常难闻。"

嘟嘟公主摘下王妃的口罩，把恶臭香水洒在了王妃身上。

王妃一边叫喊着一边逃走了。

"啊，我的鼻子，我的鼻子！"

13

回到家的五个小矮人立即皱起眉头。

"哕，这是什么味道？"

嘟嘟公主把白天发生的事情告诉了小矮人们。

大鼻子小矮人大吃一惊。

"哎哟，真是万幸。**那个香水可以让鼻子麻痹。**"

"如果鼻子麻痹了会怎么样？"

面对嘟嘟公主的提问，大鼻子小矮人回答："气味分子混合在空气当中，与空气一起进入鼻子，气味分子接触到嗅觉细胞，嗅觉神经就会把它传给大脑。这时我们就闻到了气味。如果鼻子麻痹了的话，我们就闻不到气味，连食物的味道也感觉不到了。"

鼻子的结构

嗅觉神经将嗅觉细胞感受的味道传给大脑。

嗅觉细胞感受到气味之后，传给嗅觉神经。嗅觉细胞的表面有无数纤细的嗅毛。

鼻腔是指鼻孔连接咽喉的空间。可以分辨气味，阻挡空气中的灰尘等异物。

鼻子可以分辨气味。但是感冒鼻子堵塞时，一般闻不到食物的味道。食物的味道不仅要靠舌头尝，还要靠鼻子闻。

15

回到城堡的王妃每天连饭都吃不下，因为她一点儿也尝不出食物的味道。吃不下饭的王妃没有力气，只能每天躺在床上。

过了几天，王妃的鼻子恢复了嗅觉。她终于可以吃下饭了，而且恢复了体力。

王妃咬牙切齿地把魔法箱子里的东西都倒了出来，一件一件地扔到了边上。

终于找到了，王妃笑着说："哈哈，就是这个东西！耳罩！"

王妃拿着耳罩再一次去找嘟嘟公主。

这一次王妃戴上了帽子来到嘟嘟公主家敲门。

"公主，听说只要有一点点的声音，你就睡不着觉是吗？只要戴上这个耳罩你就能舒舒服服睡觉了。"

嘟嘟公主走了出来，说："天哪，我正好需要一个耳罩……你以为我会这么说吧？耳罩还是王妃自己戴吧。"

嘟嘟公主又把耳罩戴在了王妃的耳朵上。

然后王妃哭着逃跑了：
"哇啊啊，我什么都听不见了！"

五个小矮人干完活儿回到家。

嘟嘟公主把白天发生的事情告诉了他们。

大耳朵小矮人说："坏王妃这次又想用耳罩阻隔耳朵
周围的空气,好让你听不见声音。"

"阻隔了空气为什么会听不见声音呢?"

大耳朵小矮人回答说："耳朵需要空气才可以听到声音,就像眼睛需要光才能看到东西。物体振动,空气就会振动,空气振动,耳朵里面的鼓膜才会振动,然后传到大脑,大脑就听见了声音。所以没有空气的话,我们就听不到声音。

耳朵是听觉器官。两只耳朵可以分辨声音的方向。另外,耳朵里还有半规管,半规管可以帮助身体维持平衡。

耳朵的结构

听小骨将耳郭收集到的声音扩大再传给耳蜗。

半规管呈半圆形状,可以感受到身体的运动和旋转。

听觉神经将声音传给大脑。

耳郭可以收集外面的声音,使声音更容易进入耳朵内部。

耳前庭可以感觉到身体的倾斜。

鼓膜是位于外耳道最里面的一层薄膜。可以将空气振动传入耳朵内部。

耳蜗内有听觉神经,因为它的样子像蜗牛背上背的壳,因此得名耳蜗。

这一次王妃在脸上缠满绷带，拿着放了很多盐的食物去找嘟嘟公主。王妃来到嘟嘟公主家门前，敲敲门说道："我来给公主送美味的食物了。"

　　嘟嘟公主打开一条门缝，问道："为什么你的脸上缠了一圈又一圈的绷带？"

　　"啊哈，因为我在做饭的时候，不小心让油溅到了脸上。"

　　嘟嘟公主觉得缠满绷带的王妃很可怜，所以给王妃开了门。

　　嘟嘟公主把王妃带来的饭菜摆在桌上，对王妃说："您先吃一口吧。"并且立刻将食物塞进王妃嘴里。

　　"啊，好咸，我的舌头！"

　　王妃一脸哭相地返回了城堡。

晚上，回到家的五个小矮人听公主讲述了白天发生的事情，又被吓了一跳。

大嘴巴小矮人舒了口气，说："还好公主没事。如果吃了那么咸的食物，舌头会麻痹的。"

"如果舌头麻痹的话会怎么样？"

大嘴巴小矮人回答："舌头麻痹的话就尝不出食物的味道了。舌头因为有乳头，所以凹凸不平。舌乳头上有可以感受味道的味蕾，连接味蕾的味觉神经可以将味道传给大脑。"

舌头能够感受到味道。舌头上有可以分别感知酸、甜、苦、辣的味觉细胞，感知不同味道的味觉细胞分布在不同的部位，所以舌头的不同部位感知的是不同的味道。辣味是舌头发痛的感觉，其实不算是一种味道。

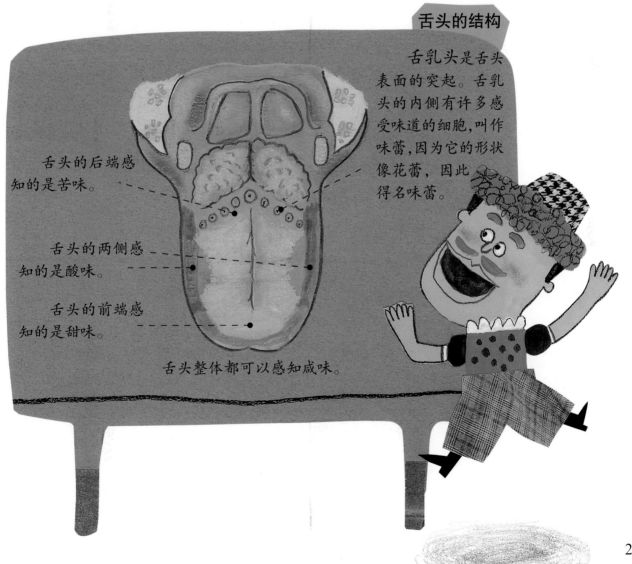

舌头的结构

舌乳头是舌头表面的突起。舌乳头的内侧有许多感受味道的细胞，叫作味蕾，因为它的形状像花蕾，因此得名味蕾。

舌头的后端感知的是苦味。

舌头的两侧感知的是酸味。

舌头的前端感知的是甜味。

舌头整体都可以感知咸味。

几天之后，又有人来敲嘟嘟公主家的门。

嘟嘟公主以为是王妃，把门打开一条缝，探出头来。

发现门外站着的是一位英俊的王子。

"能给我一杯水吗？"

嘟嘟公主倒了一杯水，拿给王子时不小心碰到了王子的手。

瞬间王子和公主都红了脸。

看到这一切的大脸小矮人心里想：公主和王子好像喜欢上了彼此。

"公主和王子的手相碰时，皮肤上的感觉点感受到了接触，通过感觉神经传到大脑。然后大脑下达了让脸颊变红的命令。要是陷入爱河的话，两个脸颊就会变红。"

皮肤通过热觉感受器、冷觉感受器、痛觉感受器和触觉感受器、压觉感受器等可以感知冷觉、热觉、痛觉和触压觉。每个感受器分布在身体的不同部位。因此有的部位可以轻易感受到疼痛，有的部位可以轻易感受到温度。

皮肤的结构

冷觉感受器可以感受到温度降低所带来的寒冷的感觉。

热觉感受器可以感觉到温度升高带来的温暖的感觉。

触觉感受器可以感受到皮肤接触东西的感觉。

压觉感受器位于皮肤内部深处，可以感受到皮肤被按压的感觉。

痛觉感受器可以感受到疼痛。

皮肤的感觉神经可以将感受器感觉到的感受传给大脑。

大脸小矮人果然没猜错，公主和王子真的爱上了对方。

　　后来公主和王子结了婚，永远幸福快乐地生活在一起。

我们都有哪些感觉呢？

感觉是指通过眼、耳、口、鼻和皮肤可以感受外界某种刺激。一起来看一看通过不同的感觉器官可以感受到什么吧。

视觉

视觉是指通过眼睛可以看到物体的颜色、形状、大小和远近等。光线进入眼睛，物体在眼睛内部的视网膜上成像，视觉细胞受到刺激，视觉神经将这种刺激传给大脑，然后大脑做出判断。

嗅觉

嗅觉是指通过鼻子可以闻到气味。鼻子内部的上顶有一层柔软的黏膜，黏膜上有许多小纤毛，嗅觉细胞分布在纤毛上。气味分子挂在纤毛上时，嗅觉细胞感受到刺激，然后将这种刺激通过嗅觉神经传给大脑，大脑就能判断是什么气味。

听觉

　　听觉是指可以通过耳朵听到声音。声音由物体振动而产生，物体振动的话，空气就会振动，空气振动的话，鼓膜就会振动，这样的振动会一直传到耳蜗。然后与耳蜗相连的听觉神经将这种刺激传给大脑，大脑就可以判断声音。

味觉

　　味觉是指通过舌头可以感受到味道。舌头的表面有凹凸不平的乳头，乳头上的味蕾里分布着味觉细胞，当食物进入嘴里，味觉细胞受到刺激，与味觉细胞相连的味觉神经将这种刺激传给大脑，然后大脑就可以判断味道。

 皮肤的感觉

　　皮肤可以感受到不同的感觉。皮肤里面的感受器可以感受到压觉、触觉、痛觉、热觉和冷觉等刺激。通过感受器感受的刺激经皮肤的感觉神经传给大脑，大脑判断是哪种感觉。

发现了感觉神经的阿尔克迈翁

人们通过感觉器官感受到不同的感觉，但是对感觉作出判断的却是大脑。让我们一起来看一看首次提出这一说法的阿尔克迈翁的故事吧。

古希腊人们认为心脏支配着人们的感觉。

心脏支配着人类的所有感觉并发出命令。

没错，生气的时候心脏会跳得格外厉害。

古希腊的医学家阿尔克迈翁却持有不同的看法。

心脏真的可以感受到感觉吗？

婴儿的脑袋比身体大，那么脑袋，哦，不是，大脑应该充满了奥秘吧？

也许将与人类相似的动物解剖，就能知道其中的奥秘了。

哇，原来视觉神经与大脑相连！

伤到大脑的人们，感觉会出现问题。

我尝不出味道。

没错，支配人类感觉的是大脑。

阿尔克迈翁首次提出，感觉通过感觉神经传给大脑，大脑是人类感知感觉的中心。阿尔克迈翁的这一主张对医学的发展起到了重大作用。

看得见的艺术——视觉艺术

视觉艺术是利用视错觉,使在平面上画的画看起来像立体的实物一样的艺术。我们在观察物体时,会发现近大远小的道理。我们称这样的感受为远近感。画画时活用远近感,可以使画更接近实物,再结合光的原理表现出物体的阴影,就会使画变得立体。视觉艺术利用远近感和阴影,可以使我们产生视错觉。

制造香气的职业——调香师

调香师是将各种香气混合,调制出新的香气的职业。香水或者洗发水、牙膏以及零食和冰激凌中特有的香气,都是由调香师调制的。调香师可以记住和分辨上百甚至上千种香气,所以嗅觉好的人更容易成为调香师。但是如果想成为真正的调香师,需要不断地闻香气,尝试将各种香气进行混合,具备可以调制出独特香气的创意性和挑战精神。

感觉器官的作用主要是什么呢?

每个感觉器官的作用不同。请将嘟嘟公主感受的感觉与正确的感觉器官连起来。

听见声音

舌 头

尝味道

耳 朵

闻气味

鼻 子

35

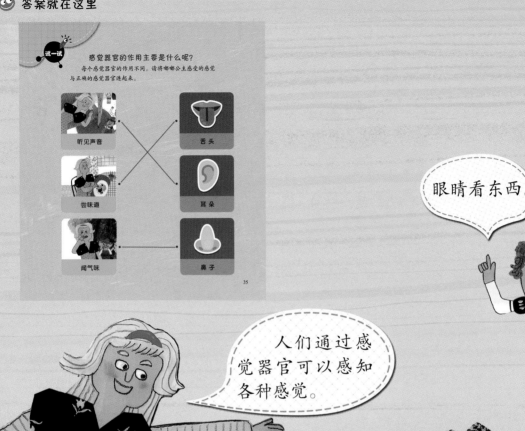

在记忆仓库里找寻密码

[韩]姜圣恩/编　[韩]郑文周/绘　李蓉/译

江西教育出版社
JIANGXI EDUCATION PUBLISHING HOUSE
·南昌·

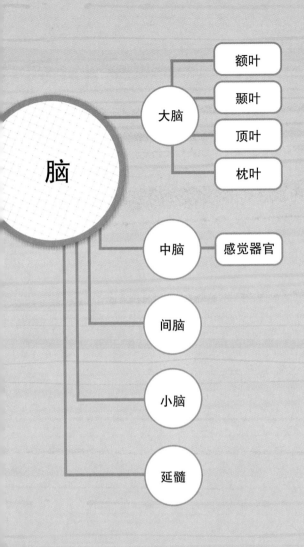

脑

大脑
- 额叶
- 颞叶
- 顶叶
- 枕叶

中脑 — 感觉器官

间脑

小脑

延髓

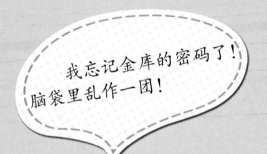

我忘记金库的密码了！脑袋里乱作一团！

这是令人闻风丧胆的海盗船——"骷髅号"！

"骷髅号"的船长从早上开始就在甲板上走来走去，喝喝不休。

"金库的密码是什么来着？"

不久之前，"骷髅号"的海盗们洗劫了一艘船。船长把那艘船上的人都关在了铁笼子里，然后把金币和宝石锁在了金库里。

但是他现在完全想不起金库的密码是什么。

船长几天几夜没合眼，一直在想金库的密码。

"不是我的生日，也不是身高和体重……我根本想不起密码是什么！"

这时被关在铁笼子角落的一个人说话了："是不是几天前伤到过脑袋？"说话者是一位男子。

"几天前我的脑袋确实被撞过，当时海上波浪翻卷，船不停地摇晃。"

船长的话音刚落，那名男子说："也许是当时伤到了脑袋里面的海马体。"

海马体

"海马？你是说我脑袋里有在大海里生活的海马？"

听了船长的话，男子啧啧道："海盗船上挂着画有骷髅头的旗帜，但是对脑竟然一无所知。只要你放了我，我会努力帮你找回记忆的。"

 海马体位于大脑丘脑和内侧颞叶之间，属于边缘系统的一部分，主要与我们的记忆和学习相关，因形状像大海里的动物海马而得名。

船长听了男子的话，把他从铁笼子里放了出来。男子向船长介绍自己是从事脑研究的最聪明的博士。"旗子上画着的骷髅头，也就是说人的头骨里有脑。**脑像橡皮糖一样柔软又有弹性，所以很容易受伤。**头骨紧紧地包裹在脑的外面，因此骷髅头不是用来吓唬别人的，而是保护脑的安全装置，我们应该感谢它。"

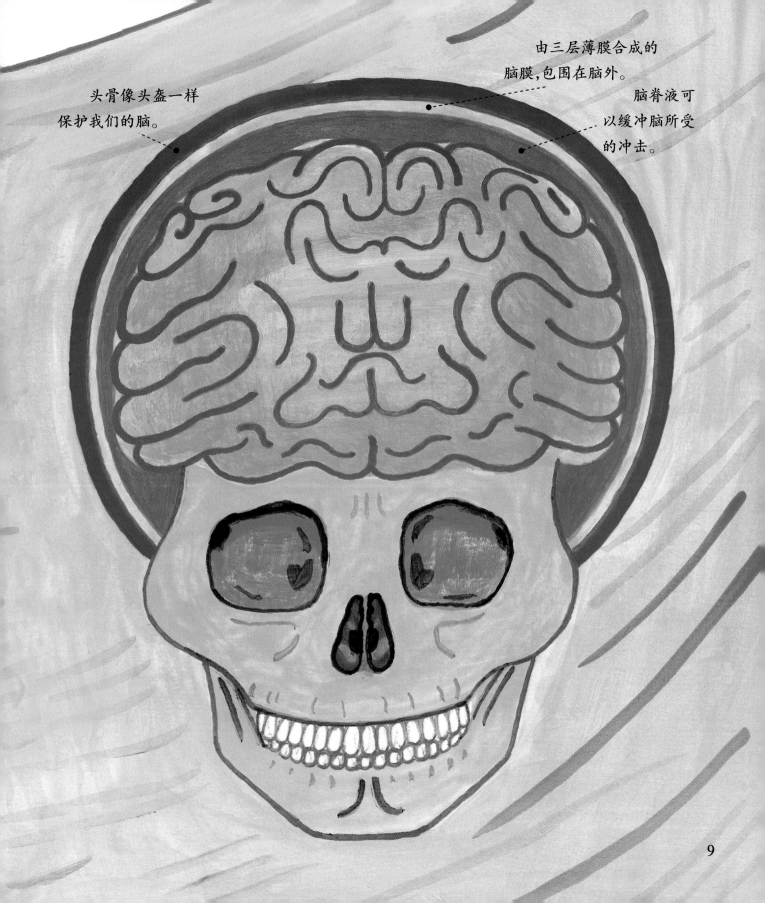

头骨像头盔一样
保护我们的脑。

由三层薄膜合成的
脑膜,包围在脑外。
脑脊液可
以缓冲脑所受
的冲击。

脑大体上分为 5 个部分，
每一部分发挥的作用不同。

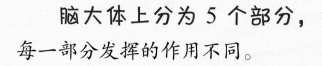

大脑进行
思考和判断

小脑快速调节身体活动

延髓控制呼吸

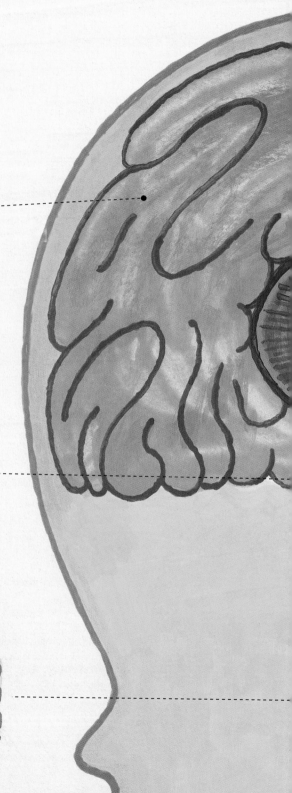

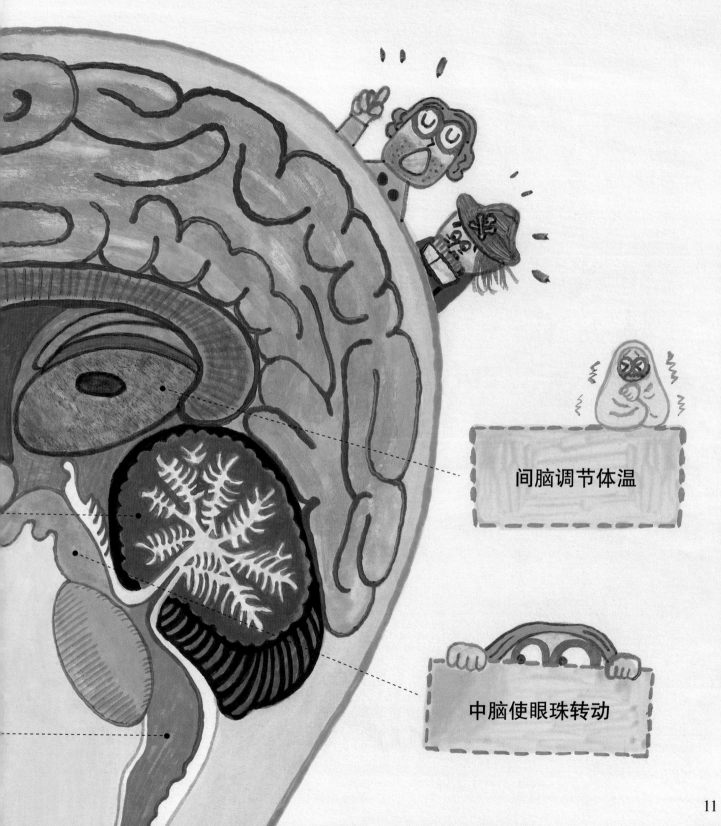

间脑调节体温

中脑使眼珠转动

脑做的事情可真多！如果没有脑的帮助，船长既不能思考也不能活动，什么事情都干不了。

因为有脑，我们才能看到东西，听到声音，闻到气味。

今天会有什么船经过呢？

要是经过的船上有许多富翁就好了，嘿嘿。

脑会发射饿的信号，有脑我们才能尝出食物的味道。

我们可以运动也是因为脑。

要想当好强盗，必须锻炼好身体。

有脑我们才能讲话。

甲板太脏了，快打扫一下！

脑可以感受到我们的情绪，并且分泌我们身体所需的各种激素。

今天心情真好！

所以怎样做才能想起密码呢？

哎哟，好混乱！

听说吃的多，才能保持好的身体。

有脑我们才能学习和记忆。

"我知道了，之所以我的脑子忘记了密码，是因为它要做很多事情，太忙了。"

博士摇摇头说："不是的，脑可以同时做很多事情。说着话的时候，眼睛可以看东西，走路的时候也可以拍手！"

突然博士拍了一下船长的手腕。

啪！

"还可以像这样追苍蝇。
不论做什么事情，脑都能快
速、协调处理。"

失去耐心的船长勃然大怒。

"但是我的海马体到底在哪里呀？怎样才能想起金库的密码？"

博士没有理睬生气的船长，而是继续说道：

"不要着急，还是继续听我介绍吧。"

额叶：负责说话、记忆和思考。

太难了！

颞叶：负责闻气味，听声音。

"刚才我说过脑大体上分为 5 个部分是吧？其中脑的表面呈皱巴巴的皱纹状。**每条褶皱负责的事情也不一样。**"

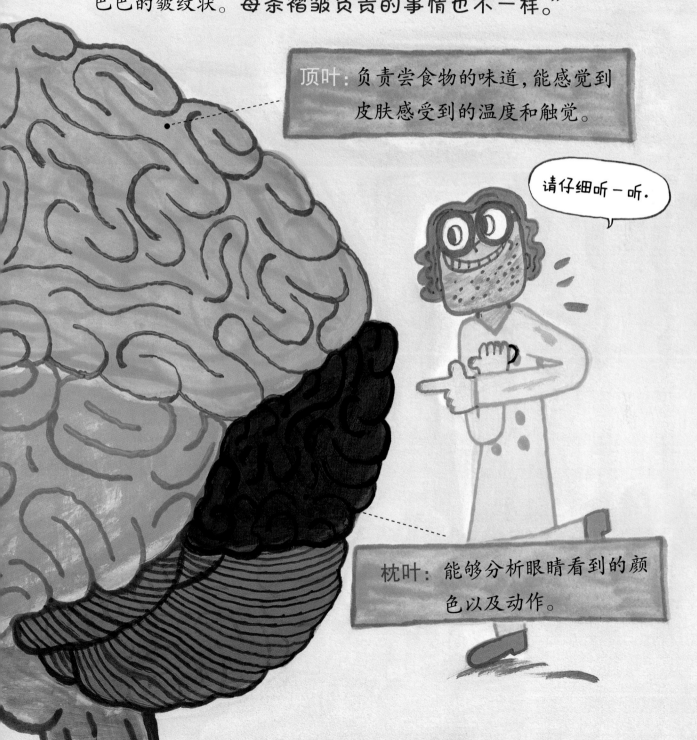

顶叶：负责尝食物的味道，能感觉到皮肤感受到的温度和触觉。

请仔细听一听.

枕叶：能够分析眼睛看到的颜色以及动作。

脑子里的记忆仓库就像一个庞大的图书馆。

船长一次性听了太多的内容,头疼得厉害。
"博士真厉害。这么多的东西竟然都记得。"
但是博士却笑笑说:"这都是托脑子里的褶皱的福,可以说大脑的褶皱是储藏记忆的仓库。"

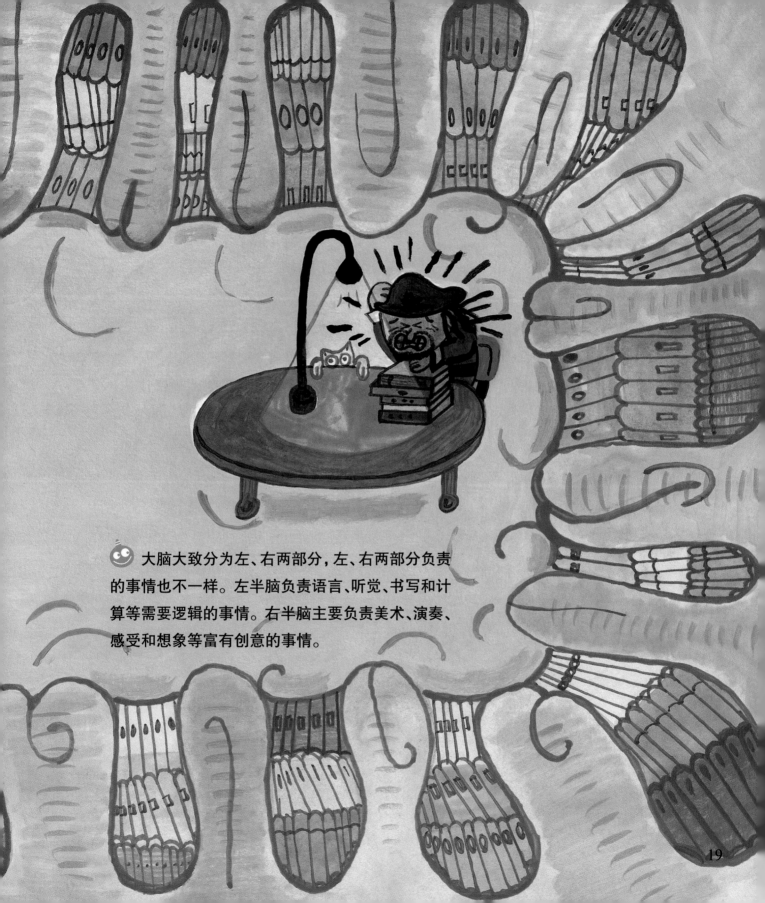

大脑大致分为左、右两部分，左、右两部分负责的事情也不一样。左半脑负责语言、听觉、书写和计算等需要逻辑的事情。右半脑主要负责美术、演奏、感受和想象等富有创意的事情。

"但并不是说所有的信息都被储存在脑子的记忆仓库之中。因为如果那样的话，脑子里会变得乱七八糟。"

"就像我现在的状态一样？脑子乱得快要爆炸了！"

看着船长撕扯自己的脑袋，博士笑了。

"哈哈，所以说脑子会把信息分成两部分进行记忆：忘掉也没关系的信息和需要长久记忆的信息。大脑下半部分的海马体就负责这样的事情。"

船长脑子一片混乱，根本听不进去博士说的话。但是博士一直在讲："海马体是信息进入记忆仓库的大门，通过海马体的信息会被长久记忆，而没有经过海马体的信息短时间内就会被遗忘。"

记忆分为短期记忆和长期记忆。瞬间会被遗忘的记忆叫作短期记忆，长久不会被忘记的记忆叫长期记忆。

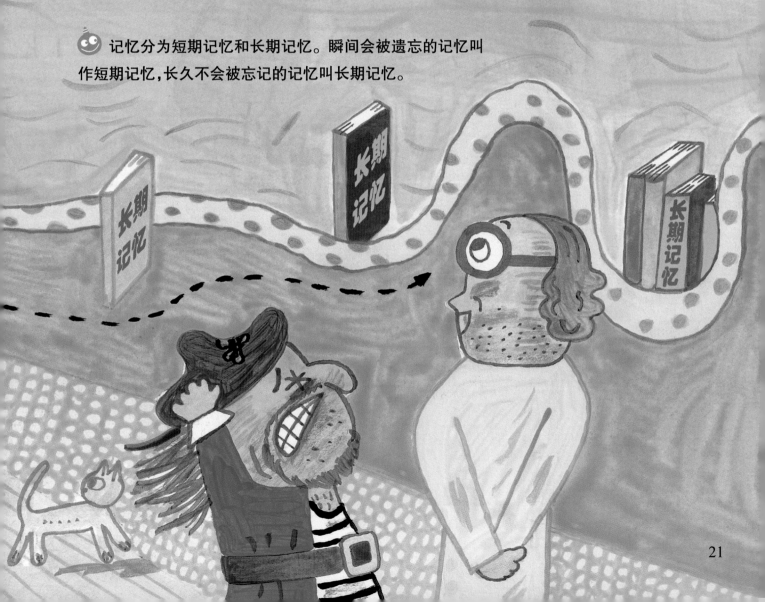

"我的脑子太小了，而且也不聪明，所以就连密码这么重要的东西也忘记了。"船长泄气地说。

"头脑聪不聪明与脑子的大小没有关系，大脑的褶皱越多越聪明。你也不用担心，虽然不能马上变聪明，但是能帮助重新想起密码的方法还是有的。"

听了博士的话，船长瞪大了眼睛。"你怎么现在才说？你快告诉我方法是什么！"

"这真的是秘密哦，方法就是睡觉，睡觉就可以！"

船长无法理解博士的话，把脑袋歪了歪。

"睡觉的时候，脑子会做非常重要的事情。把醒着的时候发生的事情进行仔细地整理，并传达给海马体进行储存。你现在想不起金库密码是因为这几天没有睡觉的缘故。"

除了睡觉，还有别的方法也可以帮助记忆。就是将学过的东西进行反复复习。如果将短时间内消失的短期记忆进行反复记忆的话，也可以变成长期记忆。

听了博士的话，船长吃惊地说："没错！我想不起来密码不是因为脑子笨！只是因为没有好好睡觉！"

船长又把博士锁在了铁笼子里。

然后命令属下好好看守铁笼子，唠叨了好一阵子之后回到船长室，不一会儿就睡着了。

为了能够想起密码，我要马上睡觉才行！

25

船长室里传出"呼噜噜，呼噜噜"的打呼声，船员们也一个接一个地进入了梦乡。过了一会儿，只听"咔嗒"一声，铁笼子被打开了。

有人可能已经猜到了。

没错,博士刚才悄悄地偷了船长挂在腰间的钥匙。

博士让大家搭乘小船安全地
逃离了"骷髅号"。

隐约可以看到远处的陆地时，有人问道："和船长谈话的时候应该很忙，博士是怎么拿到船长的钥匙的呢？"

　　博士从容地回答："用嘴说话，用眼睛看船长，用手就把钥匙拿来了呀。我们的脑子可以同时做很多件事情！"

头脑可以做很多事情

头脑真的能做很多事情。"骷髅号"的船长可以呼吸、运动和思考都是因为有脑的缘故。一起来了解更多脑可以做的事情吧。

金库的密码是什么来着？

🔍 大脑

占据了脑的大部分，对感觉器官获得的信息进行分析处理，然后储藏记忆。大脑负责说话、思考、感受和判断。

看看今天会有什么样的船经过吧？

🔍 中脑

是视觉神经和听觉神经经过的地方。调节眼珠转动，而且将耳朵听到的声音传给大脑。

间脑

感觉信息经过的地方，调节睡眠，可以感觉口渴，调节体温等。

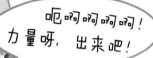

小脑

给运动器官下达命令，使身体活动，帮助身体保持平衡。

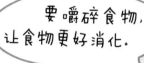

延髓

调节消化、呼吸、心脏搏动等维持生命的身体活动。

31

找到疯牛病原因的普鲁辛纳

疯牛病是可以传染给人类的可怕的疾病。普鲁辛纳通过朊病毒蛋白质发现了这类疾病的产生原因。一起来看一看普鲁辛纳的故事吧。

1986年英国的牛突然出现流口水，走路不稳，突然死亡的情况。牛死后，人们发现牛的脑袋像海绵一样，有许多小孔。

牛就像疯了一样，变得非常暴躁然后死去，这种病称为疯牛病。

后来人们发现，因为脑袋里出现海绵空洞而死亡的不仅仅只有牛，在人和羊等其他动物的身上也出现了同样的情况。

原因到底是什么呢？

但是谁都没有找到其中的原因。

难道是因为感染了寄生虫吗？

应该是由我们不能确定的病毒引起的。

但是早在四年前，斯坦利·普鲁辛纳就已经指出引发这种病的原因是朊病毒蛋白质。

终于明白了！

其他的科学家并不认可普鲁辛纳的观点。

正常人体内也存在朊病毒蛋白质。

普鲁辛纳在说谎！

普鲁辛纳没有放弃，一直进行了十多年的研究。

我没有错，明明就是因为朊病毒蛋白质。

各位，朊病毒蛋白质确实是引起疯牛病的原因，但不是正常的朊病毒，而是变异的朊病毒。

正常的朊病毒

变异的朊病毒

既然已经找到了原因，现在只要研究治疗疯牛病的方法就可以了。

最终普鲁辛纳凭借发现变异的朊病毒蛋白质，于 1997 年获得了诺贝尔生理医学奖。

做运动，脑会变聪明

美国的某所高中，每天的第一节课都是体育课，这样做会提高学生们的数学、文化等课程的成绩。运动时脑袋里会生成蛋白质，叫作"脑诱导神经刺激因子"，它会增强我们的记忆力。尤其是像跑步和游泳等有氧运动，身体里能够进入许多氧气，有利于脑健康。因为氧气传送到大脑，可以促进我们大脑的生长发育。

记忆力最好的动物是谁？

所有动物当中谁的记忆最好呢？人们一般认为是狗。狗不仅能够认出自己的主人，还能轻易理解主人说的话。但是据说狗的记忆实际上只有2分钟。狗之所以能够认出主人并且能听懂主人的话，都是因为进行了反复的学习。事实上记忆力最好的动物是海豚。据说海豚可以记得20年前自己遇到过的海豚。因为海豚的大脑中发挥语言、感情、思考等作用的褶皱非常发达。

脑袋在想什么呢？

我们会想很多事情。此时大家的脑袋里在想什么呢？

把大家想的事情填在图里吧。

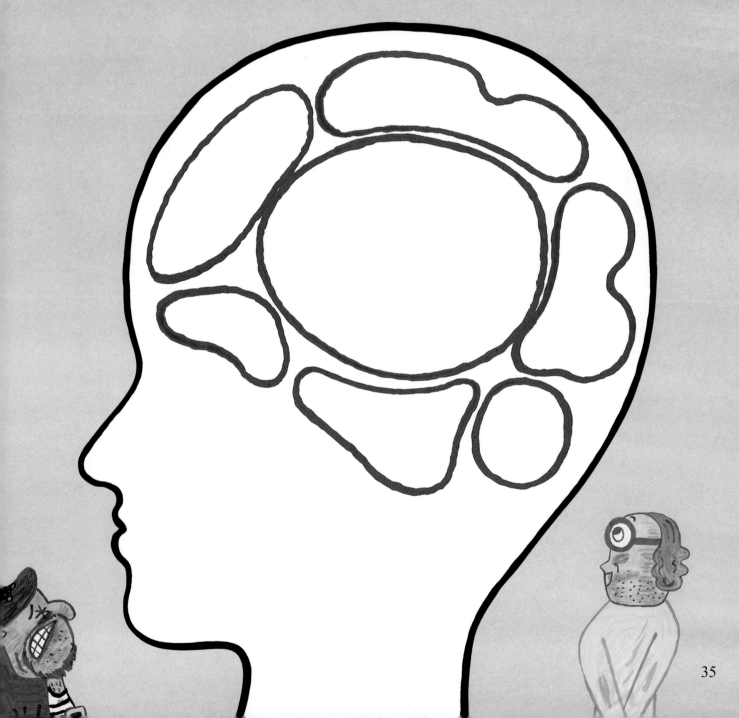

35

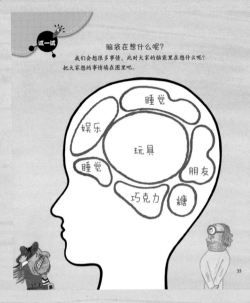

答案就在这里

试一试

脑袋在想什么呢？

我们会想很多事情。此时大家的脑袋里在想什么呢？
把大家想的事情填在图里吧。

睡觉

娱乐

玩具

睡觉

朋友

巧克力

糖

35

脑可以做很多事情。
看东西、呼吸、吃东西、
运动和记忆，这些都是靠
脑完成的事情。

你还说过睡觉
也是为了脑对吧？

不吸血的苍蝇

［韩］李善雅/编　［韩］文具贤/绘　张蕾/译

江西教育出版社
JIANGXI EDUCATION PUBLISHING HOUSE
·南昌·

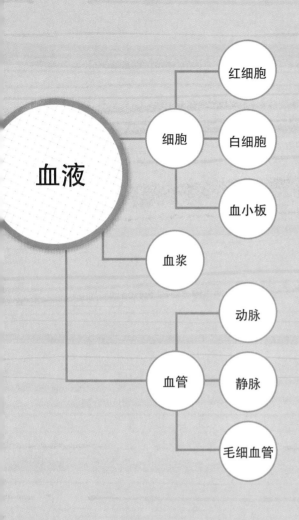

血液
- 细胞
  - 红细胞
  - 白细胞
  - 血小板
- 血浆
- 血管
  - 动脉
  - 静脉
  - 毛细血管

"哎哟！苍蝇妹妹,你是在吃食物垃圾吗?"
苍蝇坐在垃圾桶里回答蚊子:"是呀,因为我饿了。"
"苍蝇妹妹,别吃食物垃圾了,和我去吃别的怎么样?"
"去吃什么呢?"苍蝇竖起耳朵听蚊子的回答。
"你跟我来。"
苍蝇跟着蚊子飞走了。

6

蚊子飞落在人的腿上，

然后将尖尖的针插入人的皮肤里。

"真好吃！苍蝇妹妹你也尝尝。"

"蚊子大姐，你在吃什么呀？"

"我吃的是人身体里流的血呀。"

"啊？血？但是，我从来没有吃过血……"

"你竟然没有吃过这么美味的东西。**不行，你得和我去一个地方看看。**"

蚊子不由分说地带着苍蝇飞走了。

"这里就是可以了解人类血液的血液体验馆，如果你知道血液是多么好的东西后，你就不会像现在这样了。"

苍蝇觉得血液体验馆有些可怕，犹犹豫豫不敢上前。

这时突然听到有人喊："欢迎大家来到血液体验馆，请抓紧时间入场，体验马上就要开始了。"

原来是血液体验馆的讲解员。

"来，大家往里走！"

蚊子抓着苍蝇的手，把苍蝇拉了进去。

胜过补药的血液体验馆

9

进入体验馆内没多久，讲解员再次出现，并示意大家去红色的圆盘那里。

"两位，请乘坐前面的红色圆盘。"

苍蝇、蚊子和讲解员一起进入红色圆盘。

"这个圆盘就是人类血液中的红细胞。红细胞负责将氧气输送到身体的各个角落。现在我们将搭乘红细胞，在血液里进行一场旅行。"

讲解员开始亲切地介绍血液。

血液由红细胞、白细胞、血小板和血浆构成。其中，红色的是红细胞，形状像中间凹陷的圆盘。红细胞主要负责运输我们身体所需的氧气，同时将我们身体不需要的二氧化碳带回肺中，排出体外。

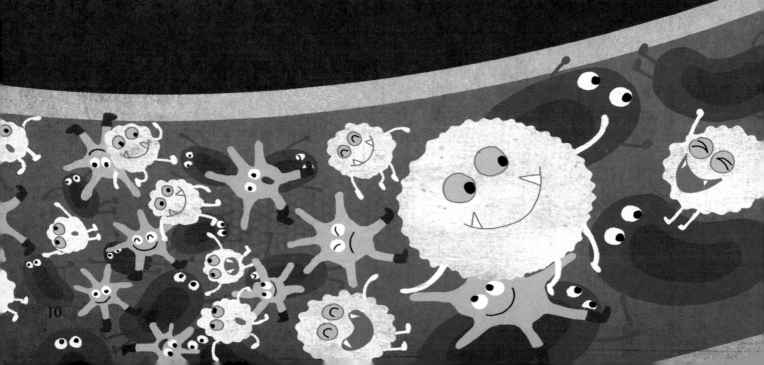

载着苍蝇、蚊子和讲解员的圆盘漂浮着向前。

"哇,我真是太高兴了!"

看到苍蝇变得兴奋,蚊子得意扬扬地说:

"看吧,跟着我准没错。"

苍蝇看着外面突然斜着脑袋问道:

"那些微微泛黄的液体是什么呀?"

讲解员亲切地说:

"苍蝇小姐好奇的东西可真多呀。那个东西叫作血浆,它能为人类身体的各个地方输送营养。"

血浆是由水、营养成分和激素等混合而成的黄色液体,运输从食物中摄取的营养成分,将身体不需要的废物运送到肾脏,然后肾脏利用尿液将废物排出体外。

"大家小心！"

突然讲解员停下了圆盘，大声呼喊道。

苍蝇吓了一跳，问讲解员："发生什么事了吗？"

"白细胞正在抗击病菌。"

不知过了多久，讲解员才放下心来，舒了口气。

"啊呀，现在没事了。白细胞把病菌全都赶走了。白细胞阻挡病原菌，防止人类生病，从而保护人类的身体。"

听了讲解员的话，苍蝇说："白细胞就像英勇抗敌、保卫国家的战士。"

"苍蝇小姐的想象力也很丰富呢。"讲解员夸赞了苍蝇。

白细胞没有固定的形状，身体可以随意扩大和缩小，抵抗细菌和病毒等病原菌，保护我们的身体。

14

血小板没有固定的形状。当身体出现伤口时，血小板使血液凝固，阻止我们体内的血液持续流向体外，同时阻止病原菌通过伤口进入我们的体内。

"讲解员先生,如果蚊子把人体内的血液都吸食完会怎么样?"

面对苍蝇的提问,蚊子冷哼道:"哼,苍蝇这是在担心人类吗?"

讲解员笑着解释:"不用担心,人类的骨髓可以不停地造血。"

"那么,如果受伤的话,一直流血也没有关系吗?"

"失血过多的话会很危险,要去医院才行。但是如果伤口很小的话,血小板就会使血液凝固,血就不会一直流了。"

讲解员继续向大家解释说明。

突然蚊子打了个哈欠,问道:"唉,真没意思,赶紧出发吧。"

17

圆盘继续漂浮着向前。

过了一会儿，讲解员继续开始讲解。

"现在我们处于流动血液的血管当中，这根血管是从心脏出发的动脉，血管里的血液会流向人体内的每一个角落。"

苍蝇的眼神里充满了好奇，它问道："心脏是什么呀？"

讲解员回答："一会儿你就知道了，再稍等一会儿。"

毛细血管是连接动脉和静脉的血管，形状像网一样，每根血管都非常纤细。

静脉遍布全身,负责
输送血液返回心脏。

动脉将从心脏
流出的血液输送到
全身各处。

心脏

19

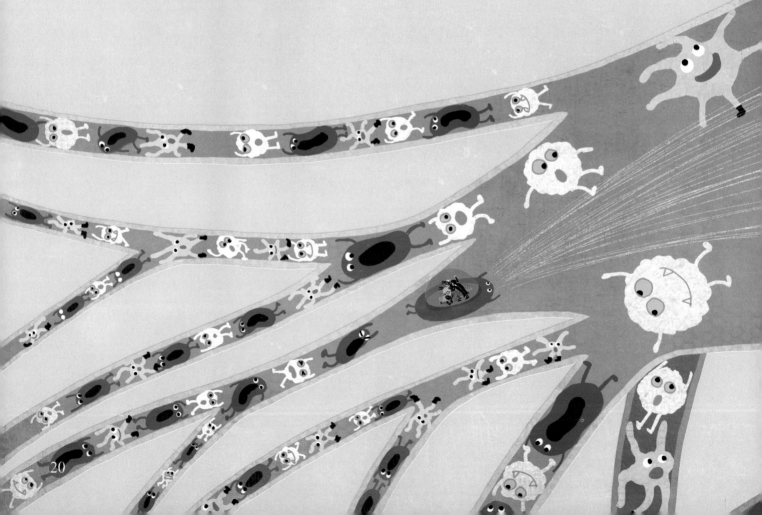

"哎呀,路变窄了,我们能安全通过吗?"

苍蝇非常担心地问讲解员。

"因为这里是毛细血管,所以会窄一些。到达静脉之后,路就重新变宽了。"

真的像讲解员说的那样,不一会儿就出现宽路了。

苍蝇又问:"可是这里红细胞的颜色怎么变了?"

讲解员和蔼地回答:"苍蝇小姐的观察力也很不错呢。因为红细胞将氧气运输到全身之后,返回时把二氧化碳带了回来,所以才会变色。"

20

"过一会儿，我们就能到达心脏了，再等一下哦……"

讲解员的话还没说完，圆盘就"嗖"地一下，飞进了一个地方。

苍蝇紧紧闭上眼睛。

"好了，现在把眼睛睁开好好看看吧。这里就是血液流进来又流出去的心脏。"

苍蝇把眼睛微微张开一条缝，发现周围全是红色的光。

蚊子浑身颤抖，叫嚷着："我虽然很喜欢血，但是我讨厌这里，赶紧把我送出去吧。"

心脏就和人们的拳头一样大，位于胸腔左下方。心脏可分为左心房、左心室、右心房、右心室四个部分。血液从心脏流向全身各处之后再返回心脏的过程叫作循环。

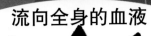

流向全身的血液

大静脉

流向肺里的血液

从肺里流
出的血液

大动脉

流向肺里的血液

从肺里流
出的血液

左心房位于心脏左
上方,血液在肺中完成气
体交换,获得氧气之后进
入左心房。

瓣膜

右心房位于心脏的右
上方。血液流向全身输送氧
气之后,再带着二氧化碳重
新返回到右心房。

左心室位于心
脏的左下方,左心室
使含氧丰富的血液流
向全身。

瓣膜的作用是阻
止血液回流。

右心室位于心脏的
右下方,作用是把血液输
送到肺部,血液在肺中进
行气体交换,卸载二氧化
碳,装载氧气。

由全身返回的血液

流向全身的血液

23

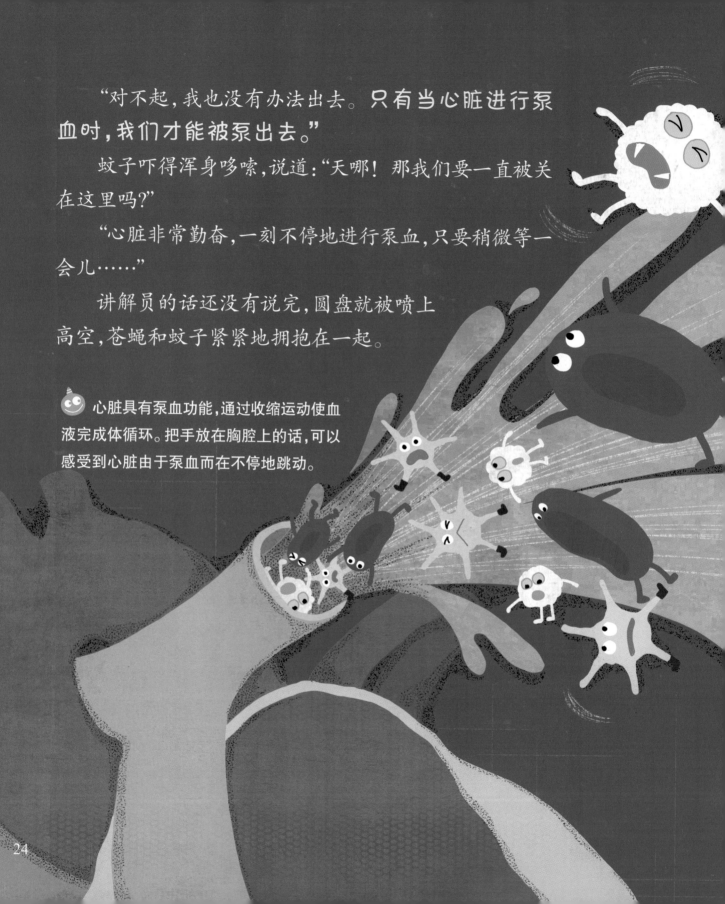

"对不起,我也没有办法出去。只有当心脏进行泵血时,我们才能被泵出去。"

蚊子吓得浑身哆嗦,说道:"天哪!那我们要一直被关在这里吗?"

"心脏非常勤奋,一刻不停地进行泵血,只要稍微等一会儿……"

讲解员的话还没有说完,圆盘就被喷上高空,苍蝇和蚊子紧紧地拥抱在一起。

心脏具有泵血功能,通过收缩运动使血液完成体循环。把手放在胸腔上的话,可以感受到心脏由于泵血而在不停地跳动。

24

25

苍蝇和蚊子一下子掉到了圆盘外面。

"哎哟，可算是活下来了。"

它们两个都放心地长呼一口气。

"哈哈，这次体验愉快吗？既然体验全都结束了，就为你们颁发结业证书吧。"

苍蝇觉得血液体验虽然有趣，但也有些害怕。

蚊子一拿到结业证书就飞了起来，对苍蝇说道：

"苍蝇妹妹，快跟我来，现在我们去吸血吧！"

苍蝇跟着蚊子飞走了。

不知什么时候，蚊子飞落在一个孩子的胳膊上，贪婪地吸食血液。

"苍蝇妹妹，你也快来尝一尝。"

"蚊子大姐，血对我来说还是有点儿，有点儿……"

这时半睡半醒中的孩子可能感觉有些痒，使劲儿拍了一下胳膊。蚊子一下子被弹到了很远的地方。

看到这一幕，苍蝇吓得不轻，头也不回地飞走了，还对蚊子说：

"蚊子大姐，我还是吃食物垃圾吧，这样活得更轻松自在。"

流淌在身体里的血液

一起来了解一下蚊子姐姐和苍蝇妹妹体验过的血液吧。
血液是由什么组成的,又是怎样在身体里流动的呢?

血液

血液在身体里流动时,运输氧气、营养成分和废物等。血液也称作血,主要由固体细胞(红细胞、白细胞、血小板)和液体血浆构成。

红细胞

红细胞可以运输氧气,因为含有血红蛋白,所以呈红色。血液呈现红色,也是因为血液中的红细胞数量最多。

血浆

血浆是由水、营养成分和激素等混合而成的黄色液体。它运输营养成分和废物,对维持体温起着重要作用。

白细胞

白细胞可以保护我们的身体不生病。当病原菌进入身体时,白细胞的数量会在短时间内增多,然后吞噬病原菌。

血小板

当身体出现伤口时,血小板使血液凝固,阻止我们体内的血液持续流向体外,同时阻止病原菌进入我们的身体。当伤口结痂时,表示血小板已经完成了自己的任务。

血浆----
白细胞----
血小板
红细胞----

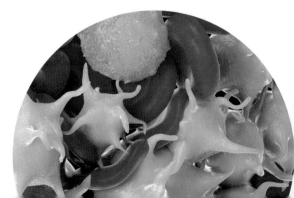

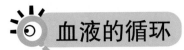

血液的循环

从心脏流出的血液，流经动脉，毛细血管和静脉，再返回心脏。这一过程会循环往复。

动脉

动脉是运送血液离开心脏的血管，动脉血管壁较厚，因而很坚固。动脉中流淌的血液含有丰富的氧气和营养成分，颜色呈红色。

静脉

静脉是运送血液返回心脏的血管，与动脉相比，管壁较薄，所以比较脆弱。静脉中流淌的血液含有大量的二氧化碳和废物，颜色呈暗红色。

毛细血管

毛细血管分布于全身，分支通连成网，是连接动脉和静脉的纤细的血管。血液通过毛细血管给细胞提供氧气和营养成分，再吸收细胞内的二氧化碳和废物。

提出血液循环科学概念的哈维

哈维提出的血液循环概念使医学取得了重大发展，就像伽利略第一次发明了可以观察天空的望远镜，推动了天文学的发展。

32

但是人们都不相信哈维的话。

别胡说了。

就是，说不定是个骗子。

哈维，我不会再接受你的治疗了。

我也是。

哈维虽然知道了血液在体内循环的事实，但是却没有发现其中的原理。

如果不说清楚动脉是怎样和静脉连接的话，大家就没办法相信你说的话。

那是因为动脉和静脉相连接，可是……

血液的确是在体内无限循环的。但是无论我怎么研究，都无法得知脉和静脉是如何连接在一起的。

哈维去世了，但4年之后马尔比基证实了哈维的观点。

找到了！哈维的观点是正确的。将动脉和静脉连接起来的是毛细血管。血液一直在体内循环。

一起了解与血液有关的其他领域的知识吧。

与血有关的俗语

"血浓于水"这句俗语常常用来形容骨肉情深。但是从科学的角度来看，血的浓度确实大于水。因为血液里含有的红细胞、白细胞和血小板都是固体，血浆中除了含有水以外，还有营养成分和激素等物质。所以血的浓度大约是水的四倍。

血液可以抓捕罪犯

一些影视作品中，血迹是犯罪现场留存的有力证据之一。罪犯作案之后，虽然会把犯罪现场留下的血迹清理干净，但是在犯罪现场洒下鲁米诺溶液，再把灯关掉，就可以重新看到血迹。鲁米诺与血液中的血红蛋白发生反应，显出蓝绿色的荧光。即使血量非常非常少，鲁米诺溶液也能与之反应。这样就可以发现我们肉眼看不到的血迹。

一起来体验吧!

苍蝇妹妹和蚊子姐姐一起到血液里进行了体验。仔细阅读下列文字,在选项当中选择正确的词。

选项: 血小板 红细胞 白细胞

因为有 _____ ,

所以血液的颜色呈红色。

阻挡病原菌入侵身体的是 _____ 。

出现伤口时,使血液

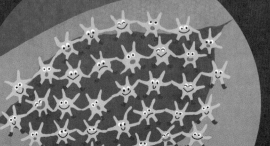

凝固的是 _____ 。

35

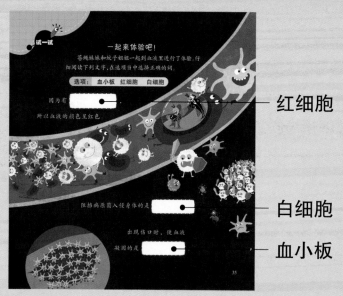

红细胞

白细胞

血小板

原来血液是由红细胞、白细胞、血小板和血浆组成的呀。

血液在身体里循环时，负责运输氧气、营养成分和废物等。

36

心·动先生和心动女士

[韩]瑞云/编　　[韩]金恩静/绘　　裴书峰/译

江西教育出版社
JIANGXI EDUCATION PUBLISHING HOUSE
·南昌·

呼吸

呼吸器官
- 鼻子
- 气管
- 支气管
- 肺

呼吸
- 吸气
- 呼气

我一想到心动女士，心脏就怦怦乱跳，呼吸也变快了。

心动先生是甜汤店的常客。

大概是这家店的汤太好喝了,心动先生每次都把汤喝得干干净净。

可是今天,心动先生只喝了一点儿汤就放下了勺子。

甜汤店的奶奶担心地问道:"心动先生,你怎么了?是我今天做的汤不好喝吗?"

"我喜欢经常在公交车上碰到的那位心动女士。可是到现在我连话都没有和她说过。我只要一想到她就心跳加速,无法正常呼吸。"

甜汤店的奶奶有些心疼心动先生,说道:

"哎哟,这可真是个大难题。你等我一下。"

奶奶从厨房的橱柜里拿出一个蓝色的瓶子。

"这是魔法香水，在心动女士的身边许下愿望，然后打开这个瓶子的盖子，会发生让你意想不到的事情。"

"魔法香水？"

蓝色的瓶子里透露着一股神秘的气息。

"但是，到时候你一定要屏住呼吸。"

心动先生从奶奶手里接过瓶子，把它装在口袋里，然后回家了。

第二天,心动先生起晚了。

因为前一天晚上太激动,所以比平时睡得晚一些。

心动先生带上香水瓶,急匆匆地出了家门,全力奔跑的他好不容易赶上公交车。

"咳咳,咳咳……"

心动先生上气不接下气,心脏也怦怦直跳。

将空气吸入鼻子称作吸气,吸气的时候空气通过鼻子进入肺中。

用鼻子呼出气体称作呼气,呼气的时候肺里的空气通过鼻子排出体外。

心动女士的旁边正好空着一个位子,心动先生连忙坐了过去。

心动先生深深地吸了一口气,然后从口袋里掏出蓝色瓶子。

心动先生许下愿望:心动女士,请做我的女朋友吧。

他按照奶奶说的,屏住呼吸,然后打开了瓶盖。

"咔嗒！"

周围瞬间弥漫着香水的味道。

心动女士开心地吸了一口气，自言自语道：

"嗯，真香呀。"

这时,精灵丘比特从蓝色的瓶子里跑了出来。

精灵丘比特藏在空气当中,在心动女士吸气的时候,随着空气一起进入了心动女士的鼻子里。

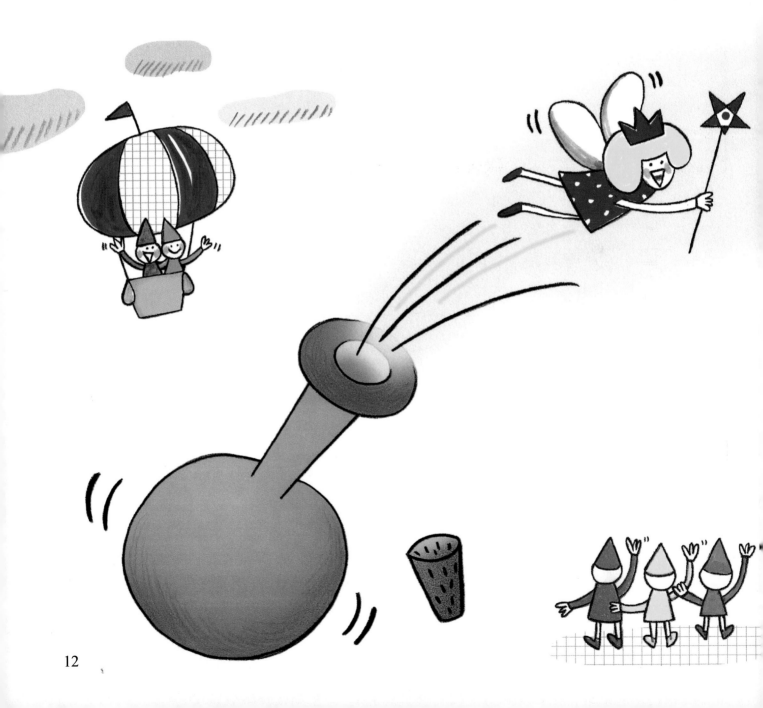

"欧耶,成功了!现在进入心动女士的身体里,让她接受心动先生的愿望怎么样?"

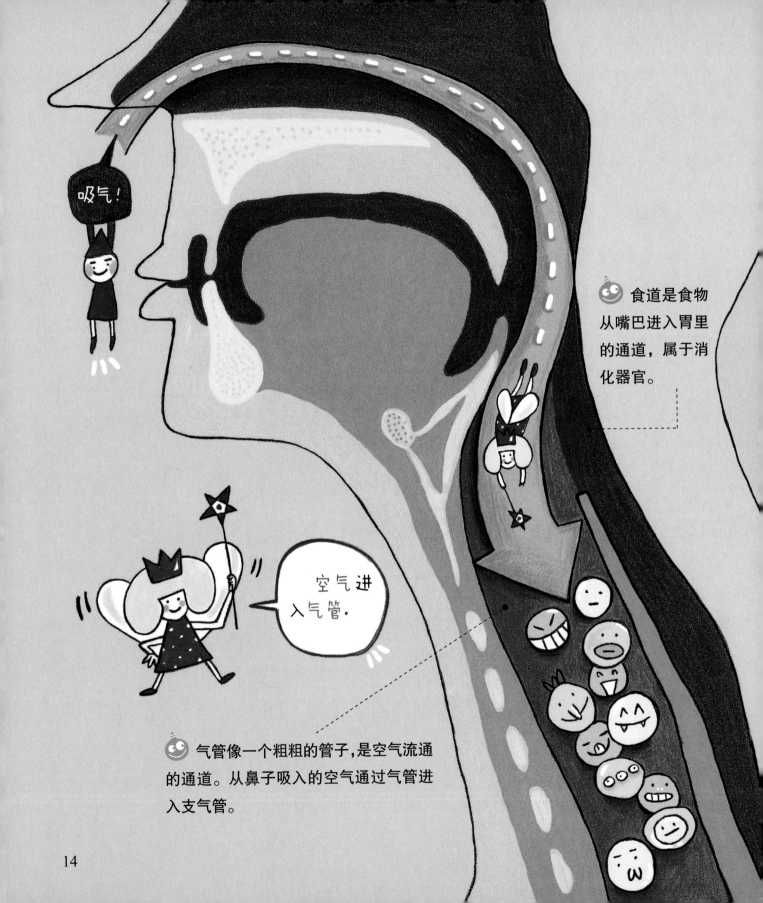

食道是食物从嘴巴进入胃里的通道，属于消化器官。

气管像一个粗粗的管子，是空气流通的通道。从鼻子吸入的空气通过气管进入支气管。

精灵丘比特从鼻子来到了嗓子眼。

发现这里有两条路。

"该走哪条路呢？"

精灵丘比特停下来，看见空气进入了较粗的那条路。

"空气呀，等等我！"

精灵丘比特紧紧跟随着空气。

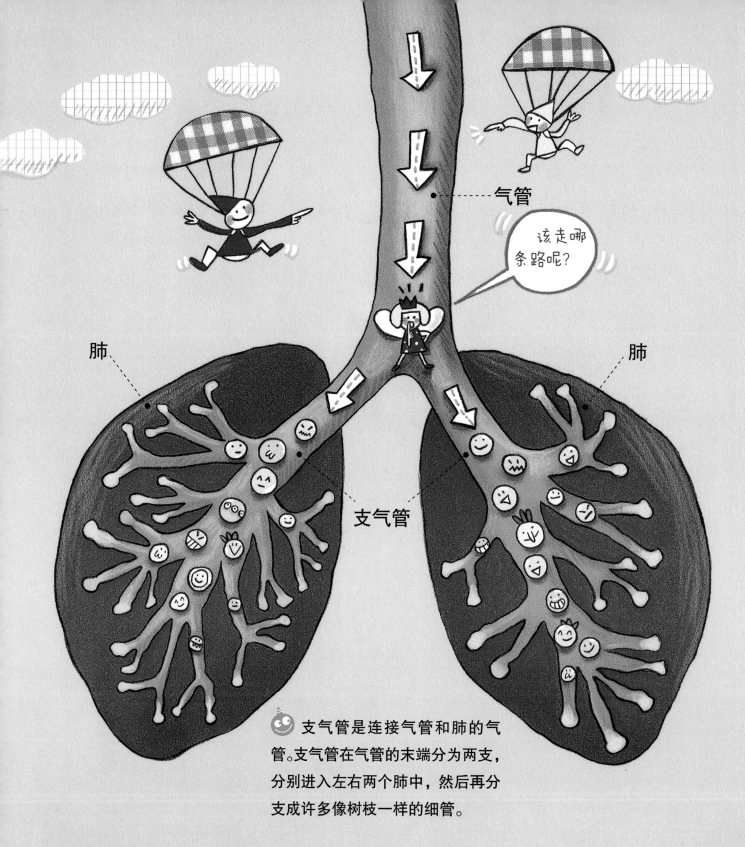

气管

该走哪条路呢?

肺

肺

支气管

😊 支气管是连接气管和肺的气管。支气管在气管的末端分为两支,分别进入左右两个肺中,然后再分支成许多像树枝一样的细管。

没过多久又出现了分岔口。

"左边，右边，该走哪边呢？"

"其实走哪边都可以，因为不论哪一边都连接着肺。"

空气分左右两侧进入肺中，精灵丘比特深思熟虑之后，选择走右边。

越往里，分岔的路就越多，路也越窄。

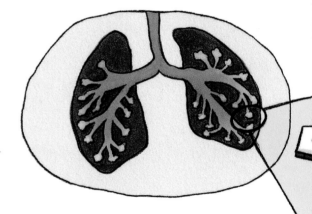

👾 肺是呼吸器官，吸气时获得氧气，呼气时排出二氧化碳。

精灵丘比特不知不觉来到了路的尽头。

这里悬挂着许多小口袋，连在一起像葡萄串一样。

血管密实地包裹在小口袋上。

精灵丘比特急得直跺脚，说道："这里的路太窄了，我根本进不去，怎么办呢？我得到心脏里去传达心动先生的心意呢……"

这时空气中的氧气说话了："我们帮你传达怎么样？"

精灵丘比特实在是太感激了，赶紧向氧气鞠躬道谢。

👾 血液中的红细胞从肺泡中获得氧气，再将氧气输送至身体各处，然后将身体里产生的二氧化碳带回到肺部。

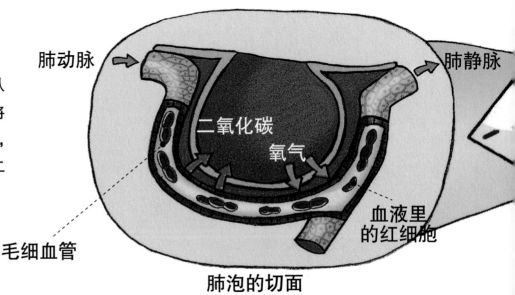

肺动脉　　　　　　　　　　　肺静脉

二氧化碳

氧气

毛细血管　　　　　　　　　　血液里的红细胞

肺泡的切面

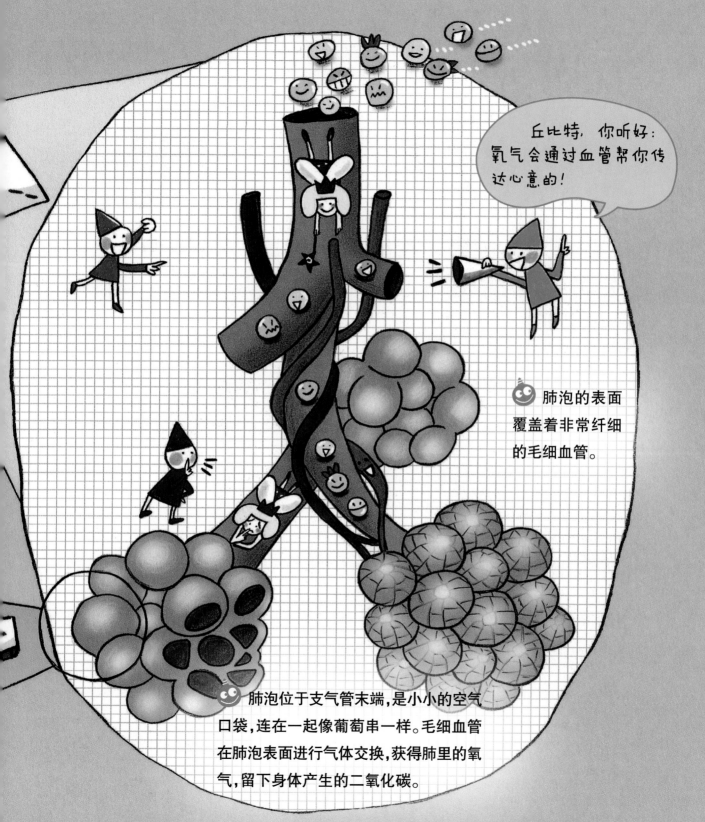

丘比特，你听好：氧气会通过血管帮你传达心意的！

肺泡的表面覆盖着非常纤细的毛细血管。

肺泡位于支气管末端，是小小的空气口袋，连在一起像葡萄串一样。毛细血管在肺泡表面进行气体交换，获得肺里的氧气，留下身体产生的二氧化碳。

哎呦喂

　　因为闻到蓝色瓶子里飘出来的香气，心动女士
的心情变得更好了，还露出了微笑。

　　车子一停下，心动女士马上起身下了车。

　　心动先生赶快跟随心动女士下了车。

　　心动女士走在路上，比任何时候都开心。

哎呀!

心动先生三步并作两步，紧跟在心动女士身后。
突然他被石头绊倒了。
"哎呀!"
听到心动先生摔倒的声音，心动女士赶忙回头。

21

她走到心动先生面前,问道:"天哪,你没事吧?"

心动先生突然起身,盯着心动女士的眼睛。

这时心动女士体内的精灵丘比特大声喊道:"心动先生喜欢你。请接受他吧。"

氧气顺着心动女士体内的血管,将精灵丘比特的呐喊传达到了心动女士的全身。

心动女士的脸颊变成了玫瑰花的颜色。

心动女士害羞地看向别处，然后在心动先生摔倒的地方发现了蓝色的瓶子。

　　心动女士捡起瓶子，说道："这个瓶子里香水的味道和刚才公交车上的味道一样。怎么办呢？香水好像都洒光了。"

　　心动先生非常慌张，吞吞吐吐地说："没，没关系的。"

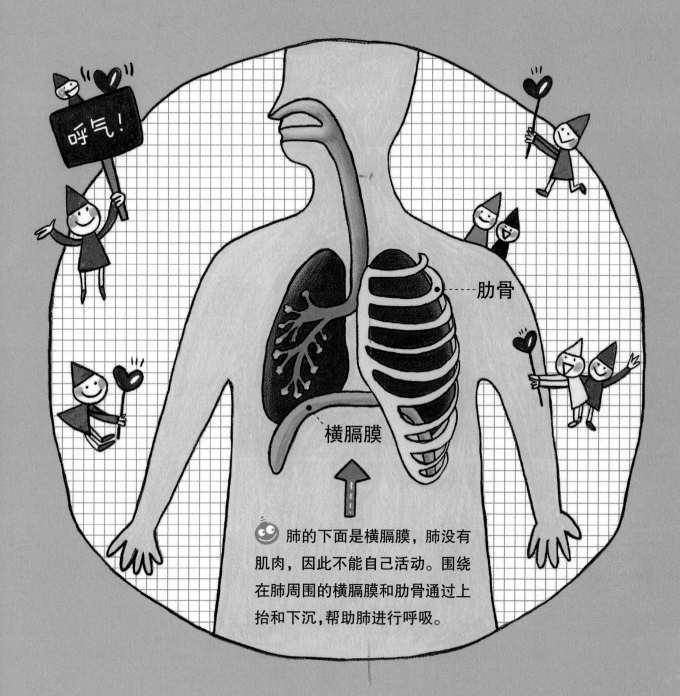

肋骨

横膈膜

肺的下面是横膈膜，肺没有肌肉，因此不能自己活动。围绕在肺周围的横膈膜和肋骨通过上抬和下沉，帮助肺进行呼吸。

呼气！

"呼——,那就好。"

心动女士深深地呼了一口气。

这时,精灵丘比特和气体一起被心动女士呼出了体外。

心动女士把瓶子还给了心动先生。

心动先生的心跳个不停，不知道该怎么办。

心动女士看着心动先生的眼睛问道："这个是在哪里买的呀？我很喜欢这个味道，所以也想买一瓶。"

"哦，哦……是，是，是在甜汤店里买的。那里还有美味的甜汤，要一起去吗？"

心动先生不知不觉把心里话说了出来。

但令人意外的是,心动女士说:"好啊,正好我也饿了。
我想喝甜汤,还想看看散发这种香气的香水。"

心动先生看着心动女士,露出了开心的笑容。

心动先生依然是甜汤店的常客。

但是发生了一个变化。

以前心动先生总是一个人来店里喝汤，
现在都是和心动女士一起出现在店里。

心动先生说现在根本离不开心动女士。
心动女士也说自己离不开心动先生。
就像他们离不开空气一样。
两个人真是天生一对。

甜汤店
欢迎您……

29

呼 吸

我们吸气时获得身体所需的氧气,呼气时排出二氧化碳。这个过程就是呼吸。一起来看看我们的身体在呼吸时发生的变化吧。

吸气

吸气时,肋骨向上抬,横膈膜向下沉,从而增大胸腔内的空间,这时体外的空气进入肺中。

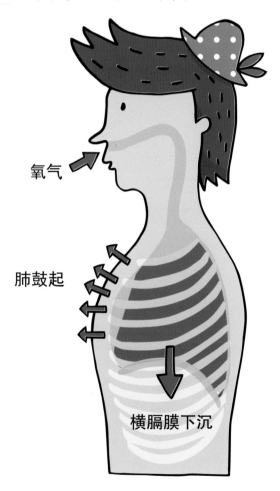

氧气

肺鼓起

横膈膜下沉

呼气

呼气时,肋骨向下沉,横膈膜向上抬,胸腔内的空间缩小。这时体内产生的气体被排出体外。

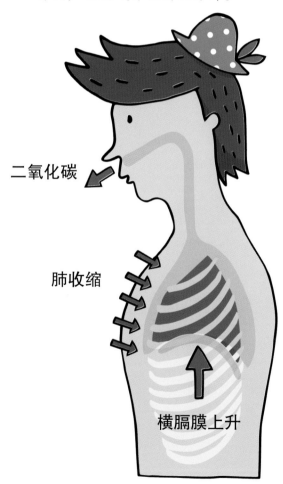

二氧化碳

肺收缩

横膈膜上升

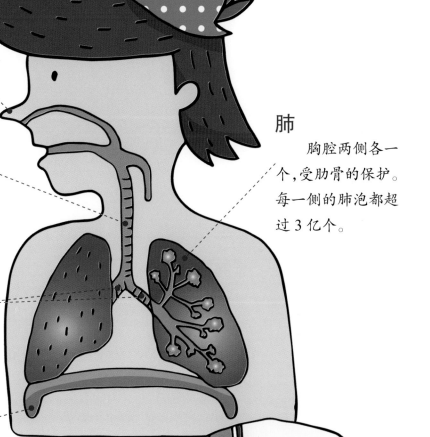

我们身体里的呼吸器官

鼻子

空气进出身体的部位,鼻子中的鼻毛和黏液可以防止细菌和灰尘进入我们体内。

气管

从鼻子和嘴巴进入身体的空气都要通过气管传送,气管的形状像一根粗粗的管子。

支气管

由气管向左右两侧分出的分支,连接气管和肺。像树枝一样分叉,逐渐变细。

横膈膜

位于肚子和胸腔之间的一块扁平的膜状肌肉。通过扩张和收缩帮助肺进行呼吸。

肺

胸腔两侧各一个,受肋骨的保护。每一侧的肺泡都超过3亿个。

肺泡

是形状像葡萄的空气口袋,又叫囊泡。血液在这里完成气体交换,吸收氧气,排出二氧化碳。

31

做呼吸实验的霍尔丹

霍尔丹为了治疗呼吸道疾病并找出患病的原因，曾经进行了许多次实验。一起来看一看帮助人们恢复呼吸健康的霍尔丹实验吧。

> 我一定要找出下水道工作人员患呼吸道疾病的原因。

英国的约翰·斯科特·霍尔丹是一位科学怪才，为了亲自做与呼吸有关的实验，他上过山，下过海，去过煤矿，进过地铁。

返回实验室的霍尔丹强忍呕吐，深深地吸入了令人作呕的气体。

> 博士，您看起来太痛苦了。不如用动物做实验吧？

> 难道动物就不可怜吗？而且动物无法言说这种痛苦！

霍尔丹在做抽血实验时，他的儿子跑了过来，也参与了自己父亲的许多实验。

> 爸爸，为什么要抽血呢？

> 呼吸与血液相关。因为吸气的时候，进入身体的氧气通过血管到达身体的每一个部分。那么，在下水道和煤矿工作的员工为什么总是会生病呢？

运动时发生的呼吸变化

当我们进行跑步等运动时，呼吸会变得急促。这是为什么呢？我们身体需要氧气才能产生能量。运动时，我们的身体比平时需要更多能量，所以需要更多的氧气，我们的身体为了补充氧气，肺会收缩和扩张得更加频繁。呼吸越快，就会有更多的氧气进入身体，所以运动的时候，呼吸会变得急促。

在水里也能呼吸的潜水员

在水里待上几秒，我们就会喘不过气，因为人的肺不能在水里呼吸。因此进入海里勘察或者实施救援的潜水员，都会背着氧气罐。潜水员把连接着氧气罐的软管含在嘴里进行呼吸。潜水员呼气时，旁边会出现许多水泡，这是在排出二氧化碳。

氧气进入肺里的路线

去山上呼吸呼吸新鲜空气。吸气时，氧气进入身体。氧气是如何通过呼吸器官进入肺里的呢？请用笔把路线画出吧。

让我们试着一起呼吸。
呼，呼气。
哈，吸气。

我消化好了

[韩]杨智安/编　　[韩]郭在妍/绘　　刘琳/译

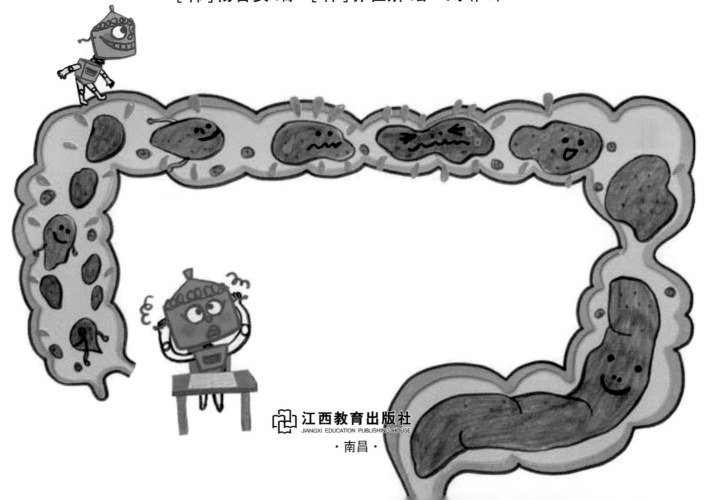

江西教育出版社
JIANGXI EDUCATION PUBLISHING HOUSE
·南昌·

"博士爷爷您再不出来就要迟到了，快点出来吧！"

易拉罐机器人着急得直跺脚，"咣咣咣"地敲着洗手间的门。

博士爷爷一打开洗手间的门，一股刺鼻的味道飘了出来。

"啊！是便便的味道，太难闻了！"

易拉罐机器人紧紧捂住鼻子转过头去。

今天可是易拉罐机器人第一次去学校，他想早点去学校认识新朋友。

你好，易拉罐机器人。快和同学们打个招呼吧。

　　跟着博士爷爷来到学校的易拉罐机器人一直笑得合不拢嘴。

　　因为他一直以来只和博士爷爷待在一起，突然一下子见到这么多人，心里别提多高兴了。

　　"大家好，我是易拉罐机器人。只要给我充满电，通宵玩耍都没有问题。今后希望能和大家快乐相处，一起做游戏。"

易拉罐机器人介绍完自己，同学们给予了热烈的掌声，表示欢迎。

一下子有了这么多新朋友，易拉罐机器人高兴坏了。

博士爷爷在窗外欣慰地看着教室里的易拉罐机器人。

但是易拉罐机器人的好心情很快就消散了。

因为上课的时候，老师说了他不喜欢听的话。

"人们将食物消化之后，就产生了便便，然后再将便便排出体外。不论是老师还是同学们，身体里都会产生便便。"

听完老师的话，易拉罐机器人突然觉得朋友们看上去就像便便，好像教室里也四处都有便便的味道。

"啊，便便的味道！好恶心。"

"你说什么？"

易拉罐机器人的话让朋友们很生气。

消化是指将食物粉碎和分解的过程。在消化的过程中，食物中的营养成分被吸收，然后再转化为人体所需的能量。

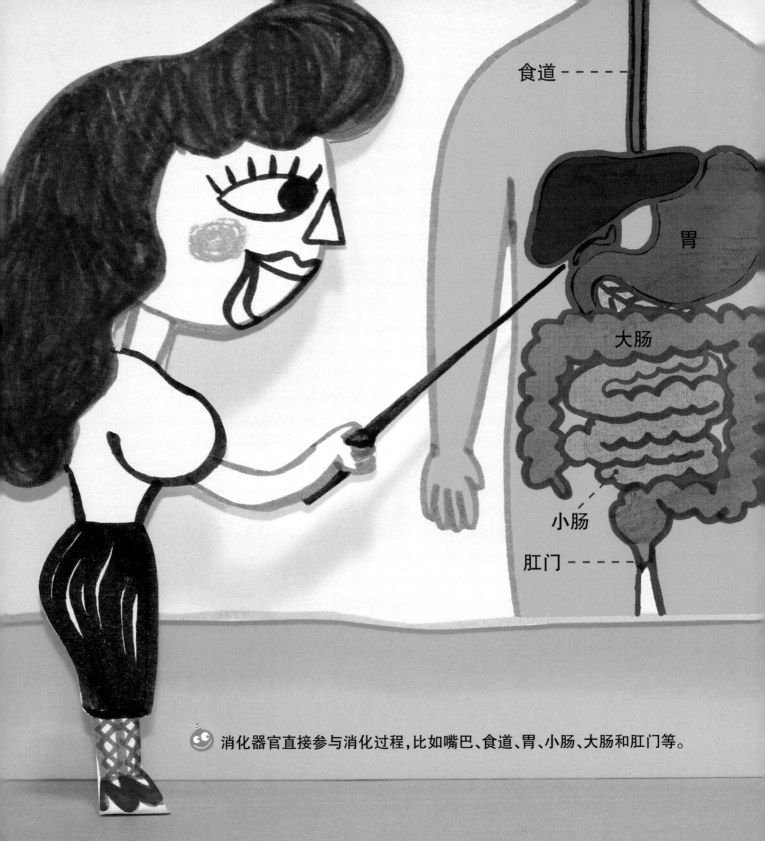

食道 - - - -

胃

大肠

小肠

肛门 - - - - -

消化器官直接参与消化过程,比如嘴巴、食道、胃、小肠、大肠和肛门等。

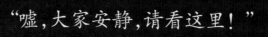

"嘘,大家安静,请看这里!"

老师拿出了一幅画着人体内部结构的图画。

"易拉罐机器人,在这幅图上能看到便便吗?"

易拉罐机器人仔细观察了一会儿。

"看不到。但是里面不应该都是便便才对吗?"

听了易拉罐机器人的话,老师"噗嗤"笑出了声。

"不是哦,便便是食物在经过每个消化器官时逐渐形成的。让我来告诉你便便究竟是怎样形成的吧。"

　　"人类只有摄取食物才能正常生活。那么美味的比萨是从哪里进入人体的呢？"

　　大家异口同声地回答道："从嘴巴！"

　　"没错，比萨进入嘴巴，牙齿将比萨嚼碎。嘴巴里分泌的唾液和食物混合，食物就会变柔软，便于吞咽。"

　　食物进入嘴巴之后，为了方便吞咽，牙齿将食物嚼碎，舌头翻转和混合食物，唾液使食物变软。

食道大约和我们的大拇指一样粗,但是食物经过时食道会扩张。
这时食道的肌肉通过不断收缩将食物传递到下一个消化器官——胃。

14

"现在已经把嘴里嚼碎的比萨吞咽完了。食物下一步应该去哪里呢？"

面对老师的提问，易拉罐机器人摇摇头说："不知道。"

老师一边指着图画一边说：

"这时食物经过的地方是食道。食物经过又窄又长的食道后继续向下。"

食物进入胃里之后，与胃液混合。

"食物经过食道进入胃里。那这个时候，食物会变成便便吗？"

易拉罐机器人听了老师的提问，瞪大了眼睛，盯着图画看，但是没有看到便便。

"食物还要经过好长时间才能变成便便呢。胃壁上有许多褶皱，这些褶皱通过伸长和收缩不停地蠕动。这时胃里产生的胃液与食物混合，食物就会进一步被粉碎，变成流食。"

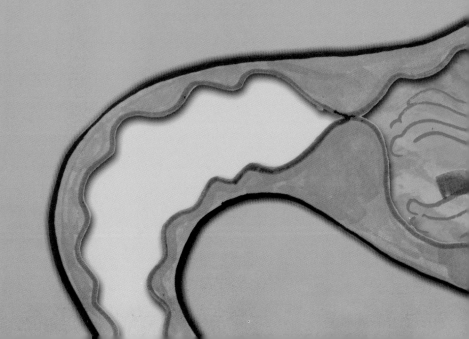

胃就像一个口袋，外形看起来与英文字母 J 相似。胃壁上有许多褶皱，食物进入胃以后，这些褶皱就会伸展开，调整胃的大小。

　　易拉罐机器人好奇地问:"老师,食物变成流食之后,下一步该去哪里呢? 是去制造便便的地方吗? "

　　"不对,食物下一步要去的地方是十二指肠,也就是小肠的起始部分。十二指肠能分泌很多消化液。"

　　🌀 十二指肠像一根管子,外形类似英文字母C,位于小肠的始端,连接胃和小肠。十二指肠可以分泌胆汁和胰液,促进食物消化。

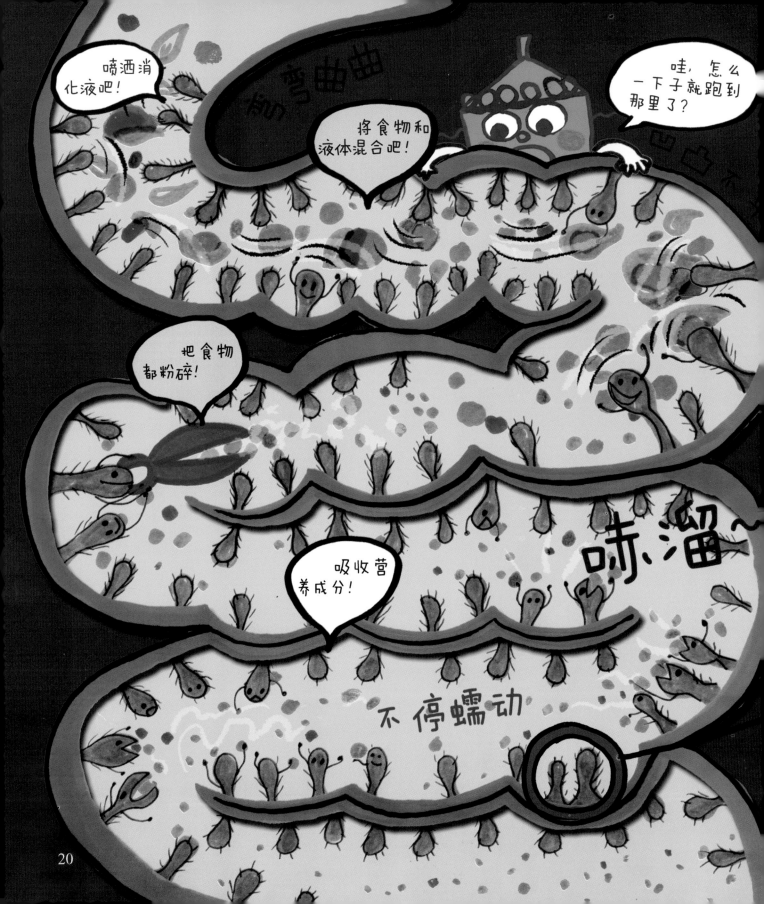

"现在食物来到了弯弯曲曲的小肠。"

当易拉罐机器人看到弯弯曲曲、很长很长的小肠时，惊讶地张大了嘴巴。

"小肠通过不断地收缩和伸展，将食物与消化液混合，并且通过蠕动把食物推到内壁上，小肠内壁上的绒毛就把食物里的营养物质吸收了。"

🟢 小肠就像我们的一根手指那么粗，大约有六七米长，弯弯曲曲地折叠在一起，填满了我们的肚子。食物里大部分的营养成分都被小肠吸收，剩下的食物残渣进入大肠。

小肠分解食物之后，吸取其中的营养成分。

小肠的内壁上有许多的褶皱，这些褶皱上长满了密密麻麻的绒毛。食物中的营养成分被绒毛吸收之后传输到全身。

把你的水留下！

畅通无阻～

路变宽了！

"被吸收完营养成分的食物残渣通过小肠进入大肠。大肠内有可以分解食物残渣的细菌。这些细菌在分解食物的时候，产生了臭味和气体。"

易拉罐机器人装作很厉害的样子说道："那臭味就是便便的味道，那些气体就是屁，对吗？"

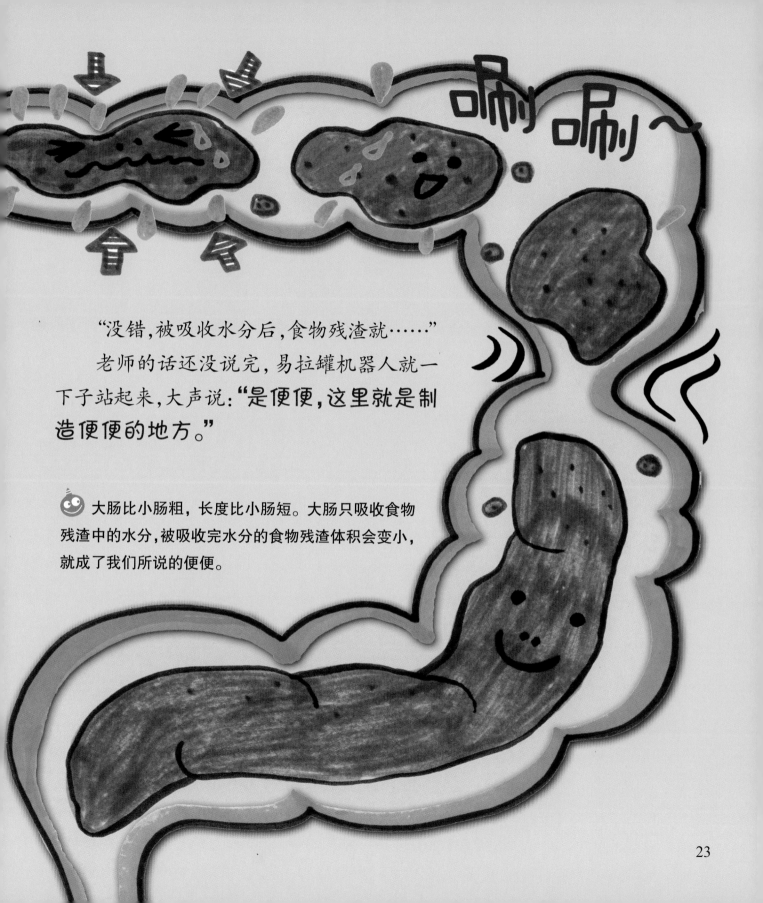

"没错，被吸收水分后，食物残渣就……"

老师的话还没说完，易拉罐机器人就一下子站起来，大声说："是便便，这里就是制造便便的地方。"

大肠比小肠粗，长度比小肠短。大肠只吸收食物残渣中的水分，被吸收完水分的食物残渣体积会变小，就成了我们所说的便便。

终于看到了制造便便的地方，易拉罐机器人非常兴奋。

看到消化器官不停地蠕动，直到把食物变成便便的过程，

易拉罐机器人感觉非常神奇，已经不像之前那样一脸嫌弃了。

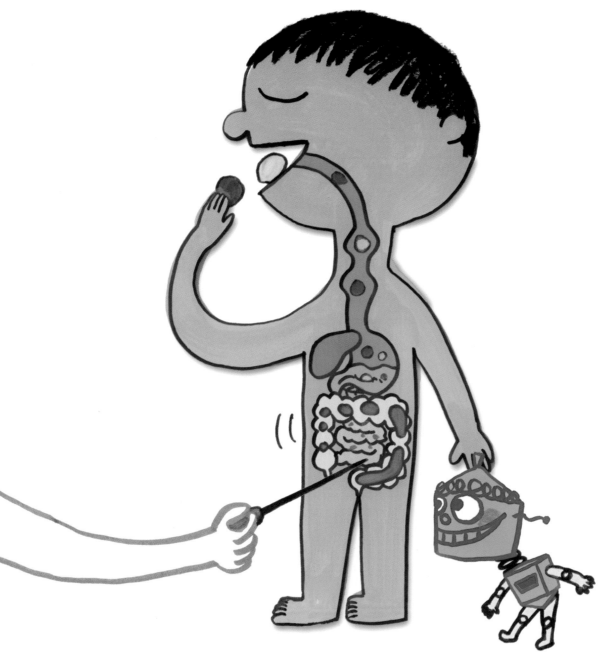

"老师,那便便又是怎么排出体外的呢?"

"食物残渣在大肠里不仅体积会变小,还会逐渐变硬。然后从肛门排出体外,排出体外的就是便便。"

易拉罐机器人听了老师的回答,高兴地点了点头。

肛门与大肠相连,被吸收完营养成分并且不能被消化的食物残渣,通过肛门排出体外。

"人们要将吃进去的食物好好消化，从中摄取营养才能快乐地跑跑跳跳。"

"所以说'排出便便消化才算完成'。"

易拉罐机器人得意扬扬地说完这句话，把大家都逗笑了。

"博士爷爷，博士爷爷！"易拉罐机器人一回到家就找博士爷爷。

博士爷爷果然又在卫生间里。易拉罐机器人把在学校里学到的知识大声告诉了爷爷，还炫耀自己认识了许多新朋友。

博士爷爷听了之后哈哈大笑，也很高兴。然后"噗嗤"一声，博士爷爷痛快地拉出了便便。

易拉罐机器人赶紧捏住鼻子，对博士爷爷说："博士爷爷，看来您的消化系统一点儿问题都没有。"

我们吃进去的食物到底去哪里了呢?

食物进入嘴巴之后,为了完全被消化,会经过许多消化器官。

接下来,我们就根据食物在身体里流动的顺序一一介绍。

我们身体里的消化器官

嘴

牙齿将食物咬碎,舌头搅拌均匀,唾液让食物变软,使食物可以吞咽。

食道

将吞咽的食物送入胃中。

胃

连接食道和小肠。胃里分泌的胃液和食物混合,将食物进一步粉碎成流食。

小肠

是我们身体里最长的器官,大约有六七米长。小肠将流食进一步粉碎,并且吸收食物中的营养成分。

大肠

大肠从经过食道、胃和小肠的食物残渣中吸取水分。

肛门

将不能被身体消化的食物残渣排出体外。

咀嚼

牙齿像粉碎机一样地咀嚼,将食物粉碎。

蠕动

食物经过食道、小肠和大肠时,肌肉收缩将食物输送到下一个器官。

分节运动

小肠一节一节地进行收缩和舒张运动时,可以将消化液和食物充分混合。

帮助消化的器官

肝

通过分泌胆汁帮助分解脂肪和储存营养成分。

胆囊

储存肝脏分泌出的胆汁,然后将胆汁输送到十二指肠。

胰脏

位于胃的下面,分泌各种促进消化的液体,将分泌的液体输送到十二指肠。

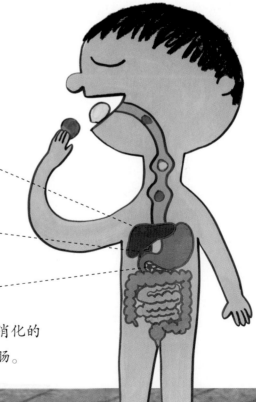

观察胃内部的博蒙特

医生威廉·博蒙特利用自己病人胃部的永久性开口进行了实验。通过这次实验，人们更加了解了消化的过程。

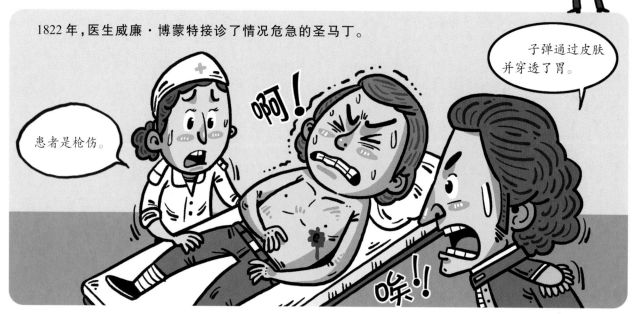

1822年，医生威廉·博蒙特接诊了情况危急的圣马丁。

患者是枪伤。

啊！

哎！！

子弹通过皮肤并穿透了胃。

幸运的是，圣马丁的手术非常成功，但他的胃部留下了一个开口。

我现在和以前一样了，能吃饭，也可以消化。

是吗？那真的是太好啦！

哇！

通过这个开口，博蒙特可以观察到胃部消化的过程。

看里面的话，可以了解人体的消化原理。

博蒙特用漏斗把食物和水灌进圣马丁的胃里，然后记录每种物质需要多久才能被消化。

8年的时间里，博蒙特通过大量的实验，详细了解了胃的功能。

动物消化不了植物的种子

　　植物有许多种播种的方式。有的种子借着风飞向远方，有的种子随着水流向别处，还有的种子选择附着在动物的身上，另外还有一种方式是被动物吃掉。动物吃下果实，过一段时间在不同的地方，将消化不了的种子随粪便一起排出体外。果实里面的种子大部分被坚硬的外壳包裹，即使经过动物的消化器官，也难以被消化。所以这些种子跟随动物的粪便被排出体外后，依然可以生根发芽。

用在农耕上的便便——堆肥

　　虽然人们普遍认为便便很脏又有味道，所以没什么大用处，但是我们的祖先却把牛或者马等家畜的粪便用于农耕。在牛圈和马棚里铺上稻草或者草，牛和马就会在上面进行排泄，踩踏之后排泄物就会充分混合。把这些混合物堆放在一起，放置一段时间之后这就成了上等的肥料。通过这种方法制作成的肥料叫作"堆肥"。堆肥里含有丰富的氮和碳等有机物质，非常有利于作物的生长。

食物的特殊旅行

从嘴巴进入人体的食物会跟随着消化器官,进行一场长途旅行。

请根据食物经过消化器官的顺序,给下面的图片排序。

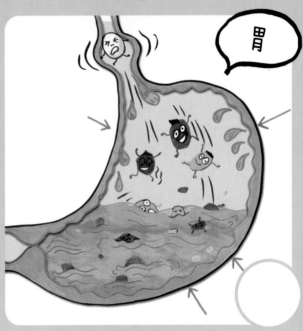

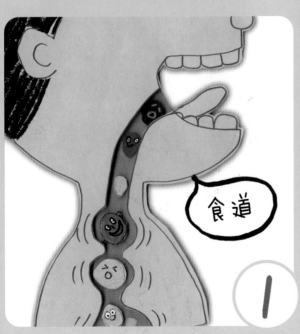

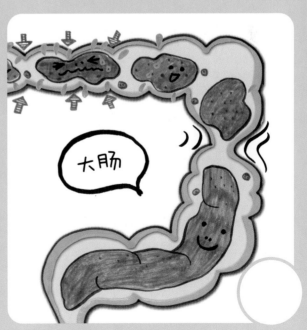

☺ **答案就在这里**

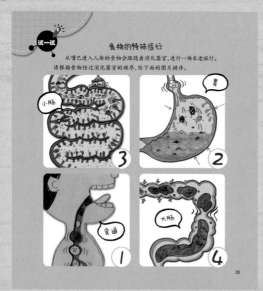

享受完美味的食物之后，消化器官会努力地蠕动，产生便便。

巨人感冒了

[韩]李美贤/编　　[韩]姜允珠/绘　　王香玉/译

江西教育出版社
JIANGXI EDUCATION PUBLISHING HOUSE
·南昌·

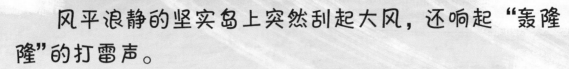

风平浪静的坚实岛上突然刮起大风，还响起"轰隆隆"的打雷声。

岛上的人都惊讶地跑到屋子外面。

"啊！感觉要被风吹走了。"

健康博士也气喘吁吁地从医院里跑了出来，大声叫喊道：

"这究竟是怎么回事呀？"

博士用望远镜看了看海的对面。

"看来应该是巨人感冒了。"

5

坚实岛的附近有一座巨人岛,岛上生活着一个巨人。

巨人性格温顺,从来没有伤害过坚实岛。

但是一旦巨人得了感冒就不得了了。

因为巨人只要一打喷嚏,坚实岛的树木会被吹倒,房顶会被掀翻。

"得赶紧到巨人岛去才行。"

健康博士拿着医用箱,慌慌张张地向巨人岛赶去。

　　健康博士搭乘热气球过了海,热气球快接近巨人岛的时候差一点儿被吹走,因为巨人又打喷嚏了。

　　博士紧紧抓住一根树枝。

　　"真对不起,健康博士。因为我总是打喷嚏……"

　　"没关系,感冒的话打喷嚏很正常。"

　　博士看看巨人,继续说:

　　"天气变冷了,怎么还穿的这么单薄。感冒病毒最喜欢你这个样子了。"

　　病毒主要依靠吸取生物细胞当中的养分存活。病毒非常小,只有用电子显微镜才能观察到,病毒的种类有 5000 多种。感冒也是由病毒引起的,可以引起感冒的病毒种类也有 100 多种。

9

巨人感到非常害怕,问博士:"那,那么我现在到底是怎么了?"

　　"不用担心,只要你的身体健康,就可以很轻松地把病毒赶跑。"

　　健康博士从医用箱当中拿出了神奇的双筒望远镜。

　　这是健康博士为了能够清楚地看到体内以及观察病原菌而发明的望远镜。

　　"感冒病毒会在哪里呢?"

　　博士用望远镜仔细观察了巨人的身体。

这时巨人的鼻孔翕动,张开了嘴巴。

看来巨人又要打喷嚏了。

健康博士赶快和热气球一起移动到了巨人的头顶上。

"阿——阿嚏!"

再晚一会儿,博士和热气球恐怕就被吹走了。

"这次打喷嚏这么严重,有些奇怪。"

喷嚏是指鼻子突然非常大声地呼出一口气。当鼻子里进入异物或者大量的灰尘时,为了阻挡它们进入身体,鼻子就会打喷嚏。

健康博士重新用望远镜观察巨人的身体。

"原来是这样，你得的不是感冒而是肺炎。"

听了博士的话，巨人把眼睛瞪得像十五的月亮，又圆又大。

"肺，肺炎？"

"不用担心，我们的身体里有保护我们的白细胞。"

博士重新调整了望远镜，再一次观察巨人的体内。

白细胞正包围在肺炎病菌的周围。

"现在白细胞正在和肺炎病菌战斗呢。"

肺炎的症状是打喷嚏和咳嗽，所以很容易被认为是感冒。但是感冒是由感冒病毒引起的，肺炎是由可以引发肺炎的细菌进入肺里而引起的。肺炎初期的症状与感冒相似，但如果长期像得了感冒一样难受的话，就有可能是肺炎。

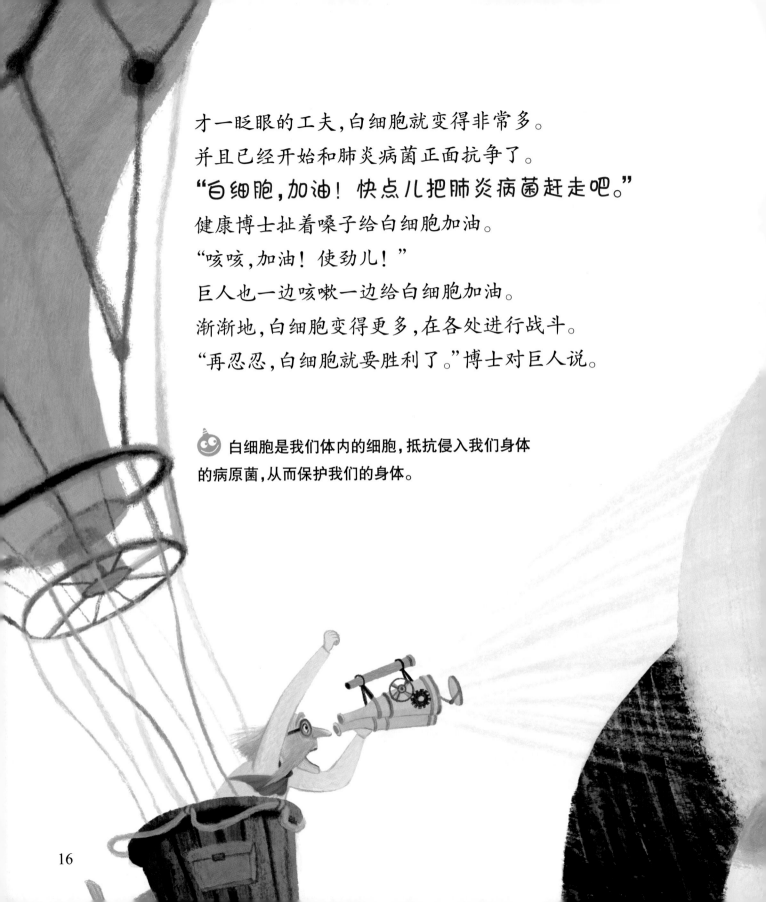

才一眨眼的工夫，白细胞就变得非常多。

并且已经开始和肺炎病菌正面抗争了。

"白细胞，加油！快点儿把肺炎病菌赶走吧。"

健康博士扯着嗓子给白细胞加油。

"咳咳，加油！使劲儿！"

巨人也一边咳嗽一边给白细胞加油。

渐渐地，白细胞变得更多，在各处进行战斗。

"再忍忍，白细胞就要胜利了。"博士对巨人说。

白细胞是我们体内的细胞，抵抗侵入我们身体
的病原菌，从而保护我们的身体。

白细胞和肺炎细菌斗争期间，巨人一直哼哼。

巨人的体温比平时要高。

"身体发热是为了帮助白细胞。体温升高的话，病原菌的力量会减弱。白细胞就更容易战胜病原菌。"

健康博士帮巨人擦掉鼻涕，守在一旁好好照顾，并且一直用望远镜观察巨人的身体。

"耶！白细胞终于把肺炎病菌全都赶跑了。"博士高兴地叫喊。

肺炎痊愈了，巨人对博士说："谢谢你，博士。但是我怎么会得肺炎呢？"

"把你的手伸出来我看看。"

巨人犹豫了一会儿，最后只好把手伸出来说："我只有今天没洗手。"

博士看着巨人脏兮兮的手，皱起眉头。

"你的手上全是细菌。细菌就喜欢脏的地方。就是这些细菌进入你的身体，然后让你生病了。"

巨人吓了一跳："什么？你说我的手上都是细菌？"

细菌是由一个细胞构成的生命体。进入我们身体并引发疾病的细菌叫作病原菌。但并不是说细菌都是有害的，我们的身体里生活着许多细菌，肠子里的细菌可以促进消化。

20

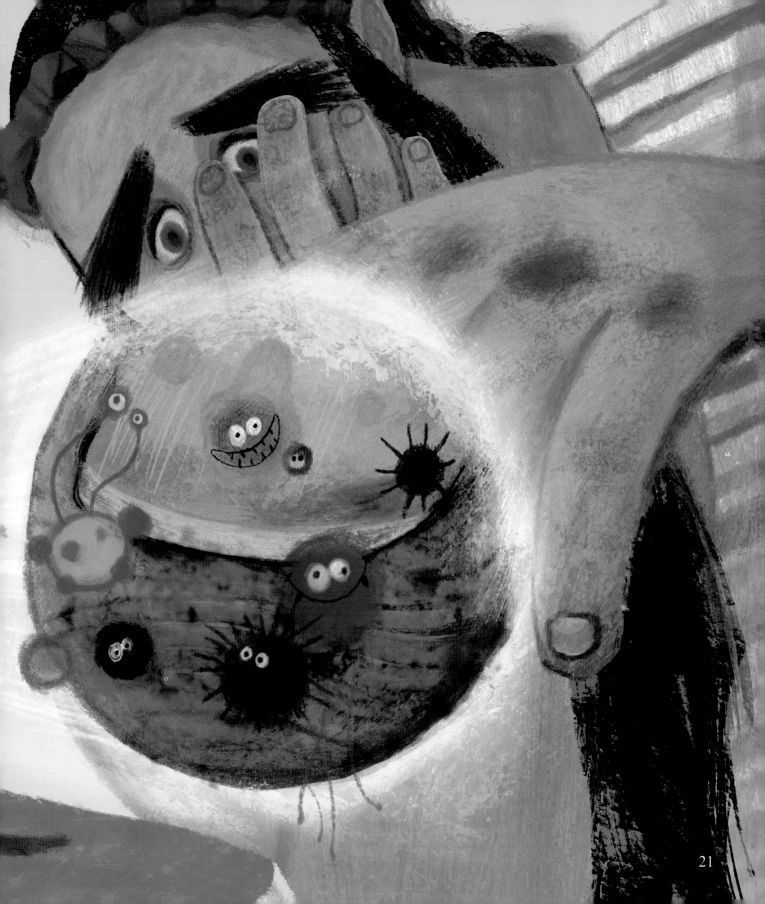

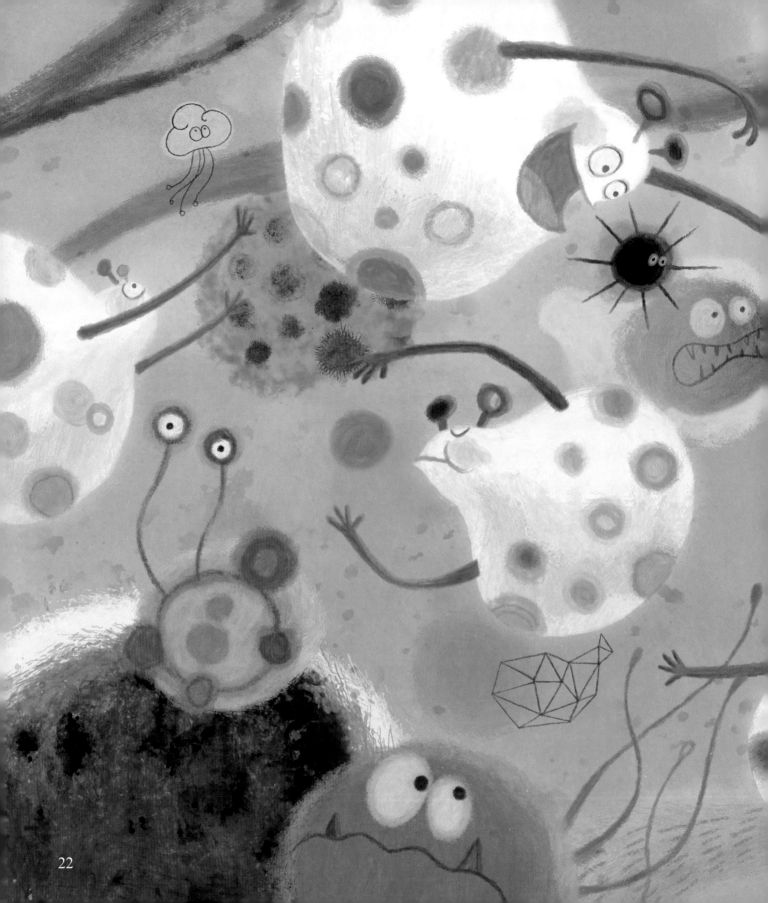

　　"不用太担心。细菌没有进入我们身体之前，对我们是没有威胁的。但是一旦进入我们的身体，就会引起疾病。细菌刚刚进入身体也不会立刻让我们生病。进入我们身体的大部分细菌都会被白细胞赶跑。可是当细菌非常多，或者身体很脆弱的时候，白细胞就不能把细菌全部赶跑。所以我们要常常保持手的干净，以防止细菌进入我们体内。"

　　"知道了，博士。我以后一定会经常洗手的。"

　　听了博士的话，巨人这才放下心来。

"啊，我差点儿忘了这个。"

健康博士从医用箱中拿出注射器。

"打预防针的话可以预防患病。"

巨人看了一眼注射器，感到非常害怕，咽下一口口水。

"如果提前告诉白细胞哪些病原菌可以让我们生病，白细胞就可以形成记忆并及时对抗病原菌。所以要感谢预防针的出现。"

"可我还是害怕打针。"

"你这么大的巨人竟然害怕这小小的注射器……"

博士"咯咯咯"笑着说。

 预防针是指用病原菌制成的试剂。但是它注射在我们体内不会让我们生病。打了预防针，我们的身体就会知道病原菌会入侵，提前做好抗争的准备。像这样提前预测病原菌的侵入，并做好抵抗病原菌准备的过程就叫作免疫。

26

　　"那预防针就下次再打吧,但是要努力提高免疫力。身体健康,免疫力才能变强。为了提高免疫力,一定要好好吃饭,按时睡觉,经常洗手,坚持锻炼。你能做到吗?"

　　"知道了博士。我会努力提高免疫力的。"

　　博士让巨人发誓。

　　"那我就先走了。"

　　"谢谢你,健康博士。"

　　健康博士搭乘热气球返回了坚实岛。

　　健康博士一回到坚实岛，人们就高兴地跑出来迎接。

　　"博士，现在风也停了，波涛也没有了。这都是托博士的福。"

　　博士回到医院马上进入实验室。

　　"下次一定要给巨人注射流感疫苗。唉，可能不是一件容易的事。恐怕需要坚实岛人们的帮助。"

　　博士想象着在巨人的屁股上打针的画面，无奈地摇摇头。

流感是指流感病毒通过鼻子、嗓子进入肺之后引起的疾病。得了流感的话,体温会超过 38 摄氏度,伴随头痛和浑身酸痛的症状。感冒和流感的症状虽然相似,但是性质不同。两种病由不同的病毒引起。与感冒不同的是,流感可以通过注射疫苗来预防。

29

一起来了解我们身体的免疫系统吧!

免疫系统通过抵抗可以引起疾病的病毒和细菌来保护我们的身体。和健康博士一起了解我们身体的免疫系统吧。

第一道防线

眼泪
把灰尘和病原菌清洗出体外。

鼻毛
阻挡呼吸时进入的灰尘,鼻子里的黏液阻挡病原菌。

唾液
唾液中有可以杀死病原菌和预防蛀牙的物质。

胃酸
胃液当中的胃酸可以消灭随食物一起进入胃中的病原菌。

皮肤
皮肤有好几层,可以防止病原菌的侵入。

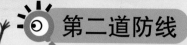

第二道防线

　　白细胞可以直接攻击和杀死入侵我们体内的病毒、细菌和霉菌等病原菌。普通的病原菌在这一过程中被消灭，我们的身体重新回归正轨。

白细胞

　　白细胞是构成血液的成分之一，而且种类繁多。病原菌一旦入侵体内，最先攻击病原菌的白细胞首先出动吞噬病原菌。如果这些白细胞不能将病原菌消灭，巨噬细胞就会出现，一次性将大量的病原菌和寿命已尽的细胞吞噬消灭掉。

第三道防线

　　病原菌数量太多或者力量太强的话，就会坚持到第三道防线。白细胞当中的骨髓和淋巴系统中制造的淋巴细胞可以对已经侵入身体的病原菌进行记忆，并制造可抵抗此病原菌的抗体，为抵抗病原菌提前做好准备。

淋巴细胞

　　有的淋巴细胞可以分辨侵入身体病原菌的种类，有的淋巴细胞负责制造阻挡病原菌的抗体。

发明了狂犬疫苗的巴斯德

法国的科学家巴斯德是最早制造出狂犬疫苗的人。疫苗是指将人工处理过的病原菌注入我们体内，使我们的身体产生特异自动免疫力的制剂。一起来看一看巴斯德是怎样制造出狂犬疫苗的吧。

直到19世纪，狂犬病对于人类来说仍然是无法被治疗的可怕疾病。如果被疯狗咬伤就会得狂犬病，而得这种病的人大多数都会死去。

汪 汪 汪

呼！

千万不要靠近那条狗！

被疯狗咬伤的话，有可能会死。

1885年7月6日，一位妈妈带着自己9岁的孩子来到了路易·巴斯德的实验室，她的孩子被疯狗咬伤了。

医生，求求您救救我的孩子吧。

身体多处都被咬得很严重。

其他的医生都说没有办法了。但是我求求您……

拜托

在此之前巴斯德已经利用染上狂犬病的兔子制造出了疫苗。但是这种疫苗还不能用在人身上，因为不能确定疫苗对人体是否存在危害。

嗯………

之前给狗注射疫苗之后，狗没有患狂犬病。但是对人会有效果吗？

巴斯德苦恼了很久，最后没有办法只好分次在孩子的体内注射了狂犬疫苗。

可能会有点儿疼哦。

医生，我害怕。

几天之后，孩子没有出现任何狂犬病的症状。

现在可以出院了。

谢谢您，医生。

感谢~

巴斯德制造的狂犬疫苗流传到了全世界，救了无数人的生命。

狂犬病疫苗救了孩子。

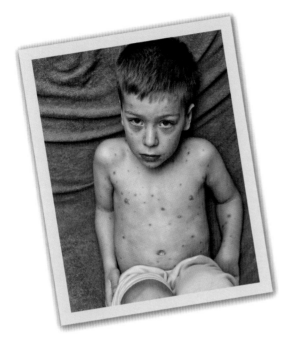

历史上由于传染病而消失的国家

16世纪西班牙军队入侵了南美洲的阿兹特克王国。刚开始西班牙军队无法战胜数量庞大的阿兹特克军队，但意外的是突然暴发了传染病。后来发现当时的传染病是西班牙军队带来的天花。当时西班牙军队的士兵都对天花有免疫力，但是阿兹特克王国的人对天花没有免疫力，因此许多人都因为天花而死。最后西班牙军队轻易占领了阿兹特克王国。

天花是指由天花病毒引起的传染病。得了天花的话，身体会发热，还会长脓包。天花的传染力非常强，许多人也因此失去了性命。但是自从18世纪英国的医生琴纳制造出天花疫苗之后，现在天花已经基本消失了。

食物可以提高免疫力

我们的体内生活着许多细菌。肠子里既有对我们身体有益的细菌，也有可以引起疾病的细菌。其中乳酸菌就是对我们身体有利的细菌，它可以促进食物的消化，预防便秘。所以肠子当中的乳酸菌越多，对我们的身体越有利。乳酸菌喜欢水果和蔬菜，所以我们吃的水果和蔬菜越多，乳酸菌就会越多。也可以通过多喝富含乳酸菌的酸奶和多吃泡菜增加乳酸菌。如果经常运动的话，乳酸菌就会变得更活跃。

一起去治疗感冒吧!

健康博士为了给附近岛屿的朋友治疗感冒开始赶路。
请阅读有关免疫的说明,对的话选"〇",错误的话选"×",
把健康博士带到朋友的家吧。

病原菌侵入身体,
白细胞会奋力抵抗。

身体越健康,
免疫力越好。

注射预防针,可以
有效预防疾病。

答案就在这里

白细胞赢了！
把侵入身体的病原
菌都赶跑了！

白细胞万岁！

大个子的魔法笔记

[韩]佘宝贤/编　　[韩]朴贤珠/绘　　唐坤/译

江西教育出版社
JIANGXI EDUCATION PUBLISHING HOUSE
·南昌·

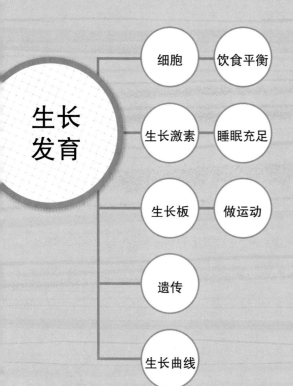

细胞 —— 饮食平衡

生长激素 —— 睡眠充足

生长板 —— 做运动

遗传

生长曲线

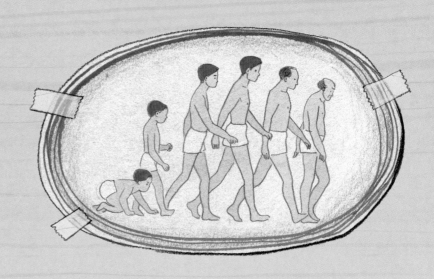

　　恩宇和哥哥,还有爸爸妈妈一起在一个游乐项目前面排队。

　　虽然已经等了一个多小时,但是恩宇想要玩这个的热情丝毫没有减少。

　　终于轮到恩宇了,可是安全员却挡在了他的面前,说道:"小朋友,身高要超过这条线才可以玩哦。"

　　重新测量身高时,恩宇又是悄悄踮脚,又是和安全员哭闹,可都无济于事。

　　最后恩宇没有玩到自己想玩的游乐项目。

恩宇气呼呼地回了家，伤心地把自己关在房间里。

过了一会儿，又悄悄地走出房间对哥哥说：

"哥！我下次一定要玩那个游乐项目！所以你告诉我可以长高的方法吧！"

恩宇的哥哥胜宇比同龄的朋友都要高出一个头。

"那你读一读这个吧。但是要记得绝对不能弄丢它！"恩宇的哥哥偷偷笑了笑，把一本笔记本拿给了恩宇。

笔记本的封皮上写着"个子高的秘诀"。恩宇迫不及待地翻开了笔记本。

大个子的秘诀

金胜宇

哥哥个子高的秘诀 1 饮食均衡

我想长高！
我想超过那些炫耀自己个子比我高的家伙们！
从今天开始，只要是可以让我个子长高的事情，我都会照做！
就算让我脱光衣服在运动场上奔跑，我也会去跑的！

要乖乖吃饭，
好好睡觉。

医生阿姨，要想长高的话，应该怎么做呢？

哥，怎样才能像你一样高呢？

玩就好！边跳边玩最有效了！

不可信

哇，终于在科学杂志里找到值得相信的内容啦。

我要把它们贴在这里，这样以后每天都可以看到啦！

最开始，我们都是一个细胞

如果妈妈的卵子和爸爸的精子相遇，就会形成一个细胞。这个细胞的名字叫作受精卵。

随着时间的推移，受精卵不断分裂，细胞数量越来越多就变成了胎儿。

胎儿就是指生活在妈妈肚子里的孩子。

> 我们身体内的细胞种类大约有60种，数量有无数亿。

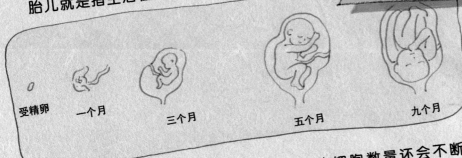

受精卵　　一个月　　三个月　　　　五个月　　　　　九个月

即使从妈妈肚子里出来以后，身体里的细胞数量还会不断增多。随着细胞数量的不断增加，我们的个子会变高，体重也会增加。

要想增加细胞的数量，就要饮食均衡，适当摄取必需的营养。

意思是说想长高的话就要好好吃饭？

关键在于细胞！细胞，分裂吧！

9

第二天,恩宇一整天都在不停地吃东西。

早上睡醒之后就吃了一碗米饭!

一杯牛奶瞬间下肚!

就连平时讨厌的蔬菜和果汁也全部吃了下去!

把红薯和圣女果当作零食!

晚饭的时候,更是狼吞虎咽,把米饭和菜都吃光了。

"哎呀,肚子好撑呀。"

恩宇觉得吃了这么多,个子一定会长高的,心情好得不得了。

回到房间的恩宇坐在书桌前,又打开了哥哥的笔记本。

恩宇,吃那么多会撑坏肚子的。

均衡摄取 5 种营养元素对个子长高非常重要,同时还要摄取能够促进肌肉发育的蛋白质和构成骨骼的钙元素。豆类、鸡蛋、牛奶、海鲜和肉类中含有丰富的蛋白质,牛奶、芝士、海带、紫菜和凤尾鱼中含有丰富的钙元素。

哥哥个子高的秘诀 2 睡眠充足

趁着还没忘记，赶紧把它记下来！

刚才纪录片中提到了

有关成长的重要内容，就是 生长激素·

它就像一颗信号弹，

为了我们的身体能够健康成长需要不断刺激它·

生长激素

性激素

激素的种类
有很多！但对我
重要的只有它！

恩宇吃惊地看了一下表。

已经 9 点 45 分了。

"生长激素在晚上 10 点到凌晨 2 点产生的最多。所以在那之前要赶紧睡觉，好让生长激素产生的多一些。"

恩宇快速合上了笔记本，躺在了床上。

但是从客厅传来的电视声音和爸爸妈妈的谈笑声，让恩宇难以入睡。

恩宇来到客厅不耐烦地说道：

"现在睡觉我的个子才能长高，所以请你们安静一点儿。"

 为了保证好的睡眠，在睡觉前的两三个小时之内最好不要吃太多东西。最好不要使用会刺激大脑的电脑和手机。在黑暗和安静的环境中才可以舒舒服服地睡觉。

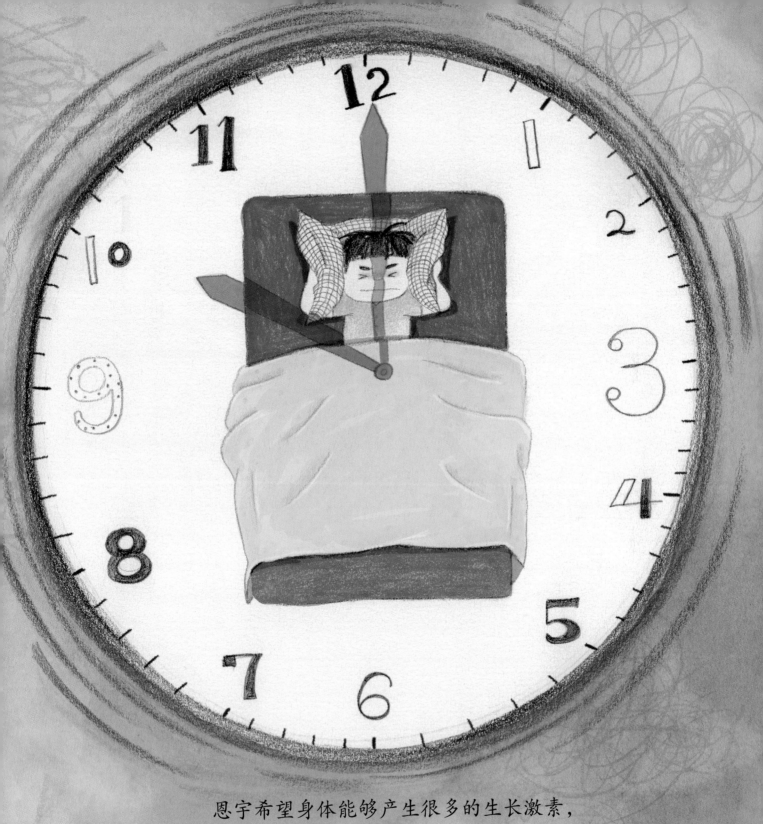

恩宇希望身体能够产生很多的生长激素，
于是在床上紧紧地闭着眼睛。

　　第二天,哥哥把睡着的恩宇叫醒了,然后带着眼屎都没来得及擦干净的恩宇来到了公园。

　　"快点儿跟着做! 这可是效果显著的生长体操。"

　　恩宇突然被哥哥拉了出来,心里有些不痛快,但是一听说这是生长体操,就马上跟着做起来。

　　"这样吗? 这样?"

　　"每次5分钟,每天做5次的话,效果会更好。我做了这个体操之后,个子长得特别快呢!"

　　由于恩宇是第一次做这些动作,浑身酸痛,但还是兴奋地一直跟着哥哥做。

　　😊 轻度的拉伸可以舒缓肌肉和关节,刺激生长板,从而有助于个子的长高。

哥哥个子高的秘诀3 做运动

字儿，春天穿过的裤子全部都变短了。

这说明个子在不断地长高呢！个子呀，加油。

我向医生阿姨炫耀了自己长高的事情，

医生阿姨告诉我，做运动会刺激生长板，个子会长得更高的。

生长板，这又是什么？我的身体里竟然有板一样的东西？

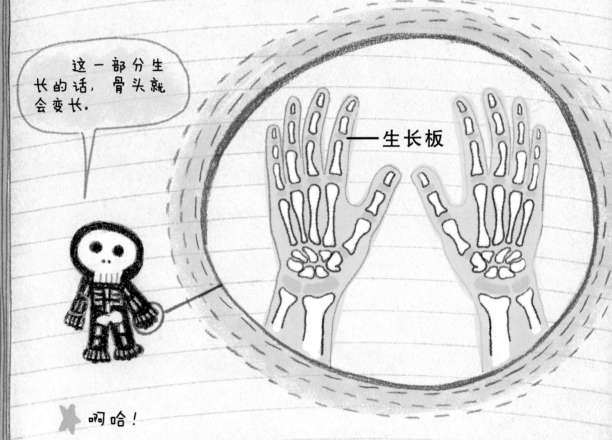

这一部分生长的话，骨头就会变长。

——生长板

啊哈！

原来生长板就是在胳膊和腿部的骨头中制造细胞，然后使骨头变长的地方呀！∧∧

啊！还有，因为每块骨头当中生长板的生长速度不同，所以身体每个部位的生长程度也不同。

骨头生长最快的部位是胳膊、腿和手指、脚趾，因此从幼儿时期开始，身材比例会随着成长而变得不同。

我想拥有完美比例的身材！

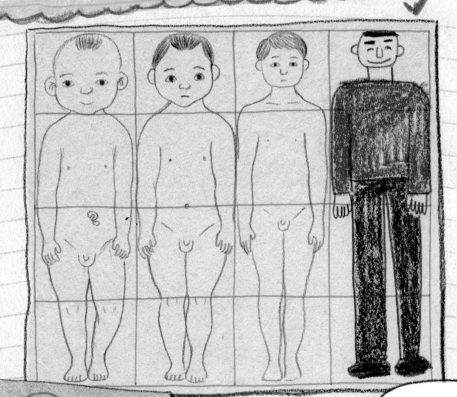

啊哈！

所以小的时候只有脑袋比较大，胳膊和腿都比较短呀！

我也应该让腿变长才行！

19

一个月的时间里，恩宇把哥哥笔记本里记着的所有"个子高的秘诀"都照着做了。

每天早上起床后做生长体操，一日三餐和零食都没有落下，晚上睡觉也睡得早。

恩宇觉得自己的个子一下子长高了不少，就让哥哥给自己量一量身高。

"哥，哥！我现在应该可以玩那个游乐项目了吧？"

"目前看来还不够。要想玩那个的话，个子要达到 130cm 才行呢！"

恩宇听了哥哥的话，变得闷闷不乐。

最后哥哥还说了一句：

"我像爸爸所以长得高，要是像妈妈的话，个子肯定矮。"

哥哥个子高的秘诀4 遗传的力量

爸爸的个子高，妈妈的个子矮。

爷爷说："高个子的遗传基因能去哪儿呢？"

还说我像爸爸，所以一定会长高的！

难道是遗传基因使我像爸爸吗？

我很好奇。

那就找找看吧！

啊！简单的百科全书
遗传是指父母的特征传给下一代的现象。

孩子出生的时候，基因里有一部分是继承爸爸的，有一部分是继承妈妈的。
这些基因决定了孩子的长相、发质和个子等。

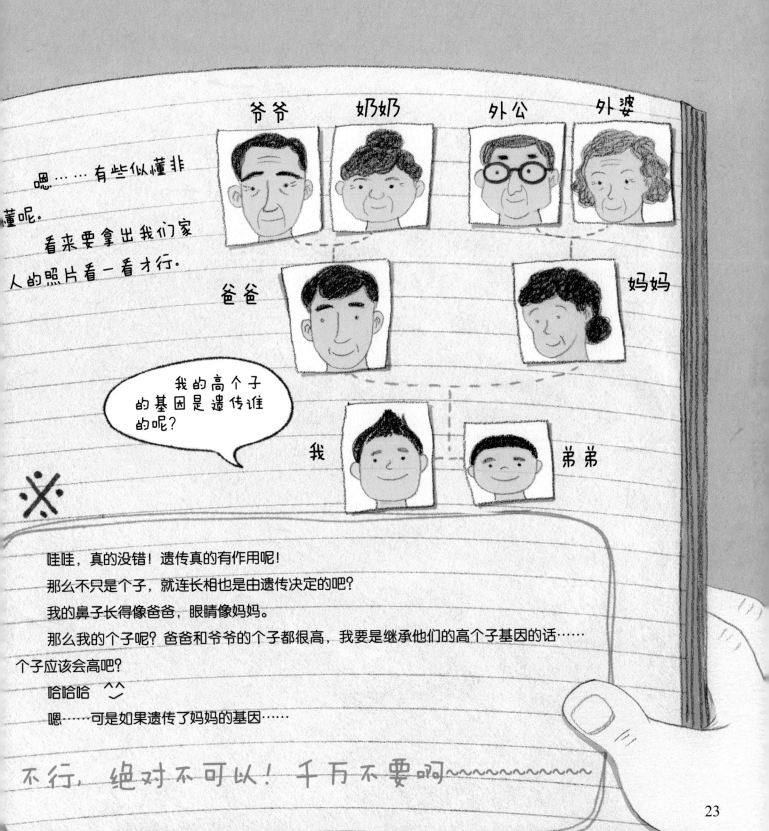

恩宇目不转睛地盯着妈妈看。

不论是长相还是性格,恩宇都非常像妈妈。

"唉,那我的个子是随妈妈呢,还是随爸爸呢?"

苦恼的恩宇突然有了一个想法,

他把牛奶倒在杯子里拿到了妈妈的面前。

"妈妈,你也喝点儿牛奶,长长个子吧。"

妈妈笑着说:

"还是你喝吧!我就算再喝牛奶个子也不会再长高了。"

听到妈妈说她的个子不会再长高了,恩宇吓了一大跳。

哥哥个子高的秘诀5 不断努力

今天在学校测量了身高。我是我们班里最高的！

但是我还想我的个子长得再快点儿，再高点儿。

我想快点儿长高，然后篮球就可以比小区里的哥哥们打得好了。

所以我又找到生长曲线看了看。

身高预测曲线（男）

我现在12岁。
哇，我从现在开始还
能长高很多呢。

几个月之后，恩宇再次来到了上一次想玩却没玩成的游乐项目前面排队。

等待的恩宇就像在做一件很了不起的事情一样，心脏扑通扑通跳个不停。

"喂，这又不是什么了不起的事情，怎么抖得这么厉害？"

"哥，我的个子真的超过 130cm 了吗？"

"当然啦，我们不是已经在家里确认了十多次了嘛，这次肯定没问题，放心吧！"

终于轮到恩宇了。

恩宇站在测量身高的机器前面，使劲儿伸长了脖子。

"祝你玩的愉快！"听了安全员的话，恩宇笑开了花。

"哥，我终于可以玩这个了！"

人类是怎样生长发育的呢？

让我们一起来看一看胜宇的《个子高的秘诀》笔记本中,关于人类生长发育的内容都有哪些吧。

生长发育的关键1——细胞

细胞是构成我们身体的最小单位。人最初都是一个细胞,细胞不断分裂,数量不断增多,人就长大了。要想增加细胞数量,就要饮食均衡。

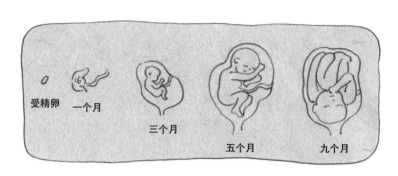

受精卵　一个月　三个月　五个月　九个月

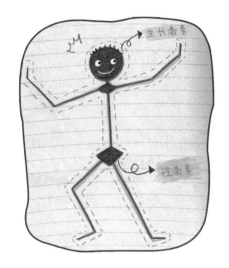

生长发育的关键2——生长激素和性激素

生长激素产生于大脑脑垂体,有促进骨骼生长的作用。会受到运动、营养或者睡觉时间、周边环境等因素的影响。生长激素在晚上10点到凌晨2点分泌的最多,所以在这个时间段内要保证睡眠。

性激素也是促进生长的一种激素,对男女产生的作用不同。到了青春期,男生会长出胡子,女生的胸部会发育,渐渐变成大人的模样。

生长发育的关键3——生长板

个子的长高实际是骨头的生长。

手指、胳膊、腿等部位的骨头末端都有生长板,生长板可以产生形成骨头的细胞。由于生长板细胞的分裂,骨头会变长,个子才会长高。

这一部分生长的话,骨头就会变长。

生长板

🔍 生长发育的关键 4 —— 遗传

父母的特征传给子女的现象叫作遗传。

长相、身体特征、噪音等都可以通过遗传基因遗传给子女。个子和体形也会受遗传的影响。

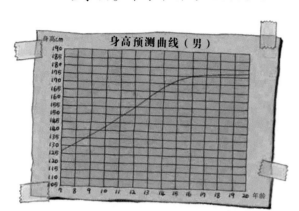

身高cm

身高预测曲线（男）

🔍 生长发育的关键 5 —— 生长曲线

人的身体在发育的时候是不规律的，大约在 12 岁到 16 岁生长得最快，而且人的身体不会一直生长发育，到了 20 岁的时候，几乎已经成长为大人，这之后就开始变老。

研究遗传规律的孟德尔

我们出生的时候，或者在生长发育的过程中，会变得像爸爸妈妈。子女的性格和体质像爸爸妈妈的现象叫作遗传。

奥地利的神父孟德尔，在修道院的院子里亲手栽种豌豆进行遗传规律研究。

嗯，让皱粒豌豆和圆粒豌豆杂交，会长出怎样的豌豆呢？

杂交：人类让生物的公母进行受精的过程。

孟德尔将圆粒豌豆开出的花的花粉撒在了皱粒豌豆开出的花上。

面对收获的豌豆，孟德尔再一次陷入了沉思。

明明"父母"当中有一方是皱粒豌豆，怎么会只结出了圆粒豌豆呢？

苦恼了一阵子的孟德尔这次在收获的圆粒豌豆之间进行了杂交。

难道这一次也是只结圆粒豌豆吗?

这次孟德尔发现收获的圆粒豌豆与皱粒豌豆的比例为 3:1。为了找出其中的原因,孟德尔又用颜色不一、豆荚形状不同的豌豆进行了杂交实验。

经过 15 年的研究,孟德尔终于发现了遗传规律。

体现生物形状特征的遗传因子有两个,一个来源于"母亲",一个来源于"父亲"。就像表现为皱粒和表现为圆粒的遗传因子一样。但是其中表现为圆粒的遗传因子的力量比较大,所以第一次杂交时只收获了圆粒豌豆。

是在说豌豆吗?

但是如果在带有这两种形状的豌豆之间进行杂交的话,就会收获皱粒豌豆,这种豌豆只带有力量较小且表现为皱粒的遗传基因。这就是遗传规律。

当时人们对孟德尔的发言并不感兴趣。
但是孟德尔发现的遗传规律对之后的遗传研究起到了巨大的帮助。

音乐可以促进婴儿生长发育

在妈妈肚子里的宝宝也可以听到音乐。怀孕3个月之后，肚子里宝宝的耳朵就发育完全了。到了第5个月的时候，宝宝可以听到妈妈肚子外面的声音。差不多7个月的时候，肚子里的宝宝能对声音做出不同的反应，表示喜欢或是讨厌。所以这个时候，如果给宝宝听旋律优美的音乐，宝宝就会停止活动，安静地欣赏音乐，有些宝宝还会跟随旋律扭动身体。给肚子里的宝宝听的音乐叫作"胎教音乐"。有研究结果表明，给肚子里的宝宝多听动听的音乐，可以刺激宝宝的大脑，加快其智力的发育，宝宝的身体也会加速生长。胎教音乐最好选择像维瓦尔第和莫扎特的音乐一样比较轻快的乐曲。

制作专属于自己的成长册

我的身体是怎样一步步长成现在这样的呢？未来又将会变成什么样子呢？动手把自己的成长过程画下来吧。

刚出生的样子

现在的样子

二十岁的样子

六十岁的样子

不挑食，早睡觉，勤锻炼，个子就能噌噌噌地长高。